武器装备体系智能评估方法
——基于知识图谱、深度学习的灵敏度分析

林　白　宋晓强　唐进君
毛昭军　高锦杰　何明帆　著

电子工业出版社
Publishing House of Electronics Industry
北京·BEIJING

内 容 简 介

本书以武器装备体系为研究对象，重点研究了武器装备体系效能评估问题，论述了武器装备体系效能评估方法的全周期，包括概念阐述、指标体系构建、评估方法、灵敏度分析等。同时，分析了传统武器装备体系效能评估方法的局限性，提出了以知识图谱、深度学习为基础的武器装备体系效能评估方法，并且构建了典型背景下的仿真案例，基于此案例，验证了该方法的可行性与先进性。

本书可作为武器装备体系等相关专业科研人员的学习资料，也可作为高等院校相关专业本科生、研究生的教学参考书。

未经许可，不得以任何方式复制或抄袭本书之部分或全部内容。
版权所有，侵权必究。

图书在版编目（CIP）数据

武器装备体系智能评估方法：基于知识图谱、深度学习的灵敏度分析 / 林白等著. —北京：电子工业出版社，2024.1
ISBN 978-7-121-46812-4

Ⅰ. ①武⋯ Ⅱ. ①林⋯ Ⅲ. ①武器装备－作战效能－评估－分析方法 Ⅳ. ①E92

中国国家版本馆 CIP 数据核字（2023）第 230782 号

责任编辑：张正梅　　文字编辑：底　波
印　　刷：北京市大天乐投资管理有限公司
装　　订：北京市大天乐投资管理有限公司
出版发行：电子工业出版社
　　　　　北京市海淀区万寿路 173 信箱　邮编：100036
开　　本：720×1000　1/16　印张：10.25　字数：197 千字
版　　次：2024 年 1 月第 1 版
印　　次：2024 年 1 月第 1 次印刷
定　　价：98.00 元

凡所购买电子工业出版社图书有缺损问题，请向购买书店调换。若书店售缺，请与本社发行部联系，联系及邮购电话：(010) 88254888，88258888。
质量投诉请发邮件至 zlts@phei.com.cn，盗版侵权举报请发邮件至 dbqq@phei.com.cn。
本书咨询联系方式：zhangzm@phei.com.cn。

前 言

随着武器装备技术的发展，战场环境日趋复杂，武器装备体系对抗的特点日益明显，如何提升体系对抗能力，寻找其薄弱环节已成为重要问题。体系的作战效能既不是由个别装备性能所决定的，也不是由体系内各种装备的数量简单相加所决定的，而是由体系内的各种装备相互配合、相互协同，共同作用的结果，而体系的复杂性，使其作战效能具有非线性、非可加性、非单调性等复杂的性质。此外，通过对武器装备体系的灵敏度分析，可以定量分析有关参数的变化对作战效能的影响程度和范围，确定影响武器装备体系作战效能的主要因素，以便对武器装备体系的设计、改进、使用等决策提供参考依据。

传统的作战效能分析方法分析因素少、因素变化范围窄或要求作战效能与输入因素关系不能过于复杂等，难以满足体系作战效能分析的需要，迫切需要新的武器装备体系效能分析方法指导武器装备体系的建设。此外，目前武器装备体系效能灵敏度分析的理论研究比较薄弱，实践应用也不普遍，主要分为局部灵敏度分析法和全局灵敏度分析法。局部灵敏度分析法简单易用，但需要对输入与输出的关系进行限定，且难以分析参数间的相互关系；全局灵敏度分析法适用性强于局部灵敏度分析方法，但计算量普遍大于后者，难以对复杂模型进行分析。

本书旨在针对传统效能评估方法的不足，提出武器装备体系效能评估方法，通过研究相关概念、原理，构建科学合理的武器装备体系效能评估指标体系，提出基于知识图谱与深度学习的武器装备体系效能评估方法，最后，在典型案例下进行模型构建、案例分析、验证的全过程。本书共6章，分为三大部分。第一部分（第1章～第2章）介绍武器装备体系相关概念、分析武器装备体系效能评估的相关问题，阐述国内外相关领域的研究现状，分析现有研究方法的不足并提出武器装备体系效能评估方法；第二部分（第3章～第5章）主要对武器装备体系效能评估方法的关键步骤进行详细介绍，并给出相关实例进行论证，包括基于知识图谱的武器装备体系效能评估指标体系构建、基于深度学习的武器装备体系数据评估方法、武器装备体系效能灵敏度分析；第三部分（第6章）基于以上研究中武器装备体系相关问题、指标体系构建、数据获取及处理技术、深度学习模型构建，以及训练技术、武器装备体系参数灵敏度分析，提出典型案例——联合反舰作战想定，对武器装备体系效能评估方法全周期进行验证。

  本书内容较为详细、完整，对武器装备体系效能评估方法的全流程都有详细的介绍，提供了充实的案例分析。读者在学习本书理论时，可参照其中的案例以便加深理解，提高体系效能评估实践技能。同时，本书的理论方法对促进效能学科发展、理论创新能够起到一定的推动作用。书中的一些内容参考了有关单位和个人的书籍或论文，在此深表谢意。

  目前国内的武器装备体系研究尚未形成完整、成熟的研究框架，本书提出的理论方法仅是对效能评估方法的一些探索。由于时间、知识面有限，书中可能存在一些不足之处，请广大读者和专家批评指正。

作　者

目　录

第1章　绪论 ··· 1

1.1 武器装备体系 ··· 1
1.1.1 体系概念 ·· 1
1.1.2 体系特征 ·· 2
1.1.3 体系特征分析 ·· 4
1.2 武器装备体系评估影响因素 ··· 7
1.3 武器装备体系评估分析框架 ··· 11

第2章　武器装备体系效能评估分析 ··· 14

2.1 武器装备体系效能评估问题研究 ··· 14
2.1.1 武器装备体系效能 ··· 14
2.1.2 效能评估的原则 ·· 15
2.1.3 效能评估的分析过程 ··· 17
2.1.4 效能评估的方法 ·· 18
2.2 评估方法国内外研究现状 ··· 19
2.2.1 国外研究现状 ··· 19
2.2.2 国内研究现状 ··· 21
2.2.3 小结 ··· 22
2.3 基于深度学习的武器装备体系效能评估方法简介 ························· 23
2.3.1 基于深度学习的武器装备体系效能评估研究现状 ················ 23
2.3.2 基于深度学习的武器装备体系分析研究 ····························· 25

第3章 基于知识图谱的武器装备体系效能评估方法 ·········· 26

3.1 基于仿真数据的知识图谱 ·········· 26
3.1.1 知识图谱的概念 ·········· 26
3.1.2 基于仿真数据的知识图谱构建 ·········· 28

3.2 效能评估指标体系 ·········· 30
3.2.1 体系作战效能评估指标体系的概念 ·········· 30
3.2.2 指标体系构建原则 ·········· 31
3.2.3 指标体系构建流程 ·········· 33
3.2.4 基于知识图谱的评估指标抽取 ·········· 36

3.3 指标数据处理技术 ·········· 43
3.3.1 数据预处理 ·········· 43
3.3.2 输入端样本数据处理 ·········· 44

3.4 案例分析 ·········· 50
3.4.1 体系作战案例详情 ·········· 50
3.4.2 指标体系构建 ·········· 51

第4章 基于深度学习的武器装备体系数据评估方法 ·········· 59

4.1 仿真大数据 ·········· 59
4.1.1 仿真大数据概念 ·········· 59
4.1.2 作战想定概念 ·········· 61
4.1.3 仿真实验设计 ·········· 63

4.2 深度学习神经网络建模 ·········· 67
4.2.1 深度学习基本概念及其在军事领域的应用 ·········· 67
4.2.2 深度学习神经网络类型 ·········· 70
4.2.3 深度学习模型训练 ·········· 76
4.2.4 深度学习模型优化技术 ·········· 83
4.2.5 深度学习模型建模示例 ·········· 84
4.2.6 建模精度与训练结果分析 ·········· 86

4.3 基于深度学习的武器装备体系效能评估 ·········· 93
4.3.1 基于深度学习的武器装备体系效能评估流程 ·········· 93
4.3.2 基于深度学习的武器装备体系效能评估案例分析 ·········· 95

第 5 章 武器装备体系效能灵敏度分析 ········ 99

5.1 灵敏度分析要素 ········ 99
5.1.1 灵敏度分析的概念 ········ 99
5.1.2 灵敏度分析的参数 ········ 100
5.2 基于深度学习的灵敏度分析方法 ········ 101
5.3 基于深度学习评估模型的灵敏度分析案例 ········ 105

第 6 章 武器装备体系效能评估典型案例研究 ········ 108

6.1 典型案例分析 ········ 108
6.1.1 总体技术路线 ········ 108
6.1.2 联合反舰作战体系分析 ········ 109
6.1.3 典型案例——联合反舰作战想定 ········ 118
6.2 典型案例的作战效能评估指标 ········ 120
6.2.1 知识图谱的构建 ········ 120
6.2.2 指标体系的构建 ········ 121
6.2.3 指标数据获取 ········ 124
6.3 深度学习模型构建 ········ 129
6.3.1 深度学习模型构建过程 ········ 129
6.3.2 深度学习模型性能分析 ········ 130
6.4 典型案例的灵敏度分析 ········ 135
6.5 小结 ········ 148

参考文献 ········ 149

第 1 章

绪 论

　　体系是系统尤其是复杂系统发展的必然产物，体系来源于系统并体现出与系统不同的本质特征。武器装备体系是体系的重要组成部分，它与其他体系（如农业体系、工业体系、环境体系等）相比具有独特性。本章首先通过介绍体系概念、属性和特征，分析目前系统科学重点研究的复杂系统、复杂自适应系统的性质，并对其复杂性、涌现性和演化性进行阐述。其次，从体系的起源和定义入手，重点分析体系与系统不同的独立性、自主性、异构性、支配性等方法特性。然后在分析应对体系对抗的现代信息化战争要求基础上，通过综合当前武器装备体系的概念，从武器装备体系化建设和体系对抗的作战实施两个层面上，给出武器装备体系的综合定义，并且研究提出武器装备体系相关研究必须解决的基础科学问题。最后，对武器装备体系评估影响因素进行分析，总结出武器装备体系的评估。

1.1 武器装备体系

　　本节对体系的概念进行分析研究，在体系概念的基础上得到武器装备体系的概念；同时分析体系的特征，在此基础上总结得到武器装备体系的关键特性。

1.1.1 体系概念

　　"体系"一词源自系统，广泛应用于社会、经济和军事领域。在军事领域，体系包括武器装备体系和作战体系等。其中，武器装备体系是由许多看似独立的武器装备组成的有机整体，这些装备在对抗中按照一定的结构相互作用；作战体系是一个范围更大的体系，包括武器装备、人员、环境和作战任务等许多作战要素。为了研究体系的作战效能，有必要分析在体系间对抗条件下整个体系的作战能力。

作战体系是由各种作战系统按照一定指挥关系、组织关系和运行机制构成的有机整体。可以看到，作战体系的本质特征就是它是一个有机的整体，另一个重要特征是组成体系的子系统之间具有功能上相互独立且又有机结合的整体。

作战体系作为一种特殊复杂巨系统，包含若干独立运行管理的子系统；从空间的角度上看，组成体系的各部分覆盖面广；在作战进程中作战环境的变化会导致作战需求产生变化，从而引起体系的整体结构产生演化。与传统的指挥方式不同，体系中包含的作战单元之间是以网络化的方式进行协作的，其中包括对指挥信息网络的设计、协商及在作战过程中分配作战任务和作战资源调度等问题。

现阶段，各种高新技术快速发展，越来越多的信息化、数字化技术应用于武器装备的研发及改进上，在这些技术的加持下逐步实现将武器装备所具备的作战功能与体系结构有机结合，这就是武器装备体系；作为一个有机整体，武器装备体系由负责打击目标的作战装备、负责信息传递与情报收集的综合电子信息系统、负责物资调度与人员救治的保障装备，以及其他功能相互关联的装备系统共同构成。武器装备体系与其他体系类似，其重要特征包括协作性、涌现性及演化性等。在对武器装备体系进行研究时需要考虑诸多因素，研究其内部具有的各种联系是一大重点，即研究体系中包含的武器装备如何获取在基本功能上相互联系共同促进、在性能上相互弥补持续发展及在操作上相互连通逐渐简化的最佳方式，以使得整个体系涌现出更强的作战能力。

1.1.2 体系特征

体系不是系统之间的简单组合，一般来说体系具有 5 个特征：第一，组成体系的系统是独立运作的；第二，组成体系的系统能够独立进行维护与管理；第三，组成体系的系统在地理上呈现区域分布性；第四，体系本身具备涌现性；第五，体系并非是一成不变的，而是处于不断发展变化之中的。

与一般系统的内部结构（紧耦合）组成形式不同，体系的组成是系统间的交互作用，而不是简单的重叠。据此，体系具有以下特性：第一，与单个系统的简单集成相比，它可以提供更多或更强的功能；第二，体系中的组成系统是独立的单元，能够在体系运作的环境中发挥其本身的功能。

体系本身由多个子系统组成，是一个整体，带有复杂性，同时体系是为了完成某项任务而构建的，具有目的性。一般的体系具有以下特点：第一，组成体系的系统是本身具有复杂性，但其在功能上又是独立的，在独立完成某项任务的同时又能够相互协同以达成体系的任务目标，当体系面对的任务不同时，子系统之间选择不同的协同关系可以使得整体体系具备完成该任务的相应功能；第二，体系具备复杂性，其功能行为极易受到体系复杂性的影响，致使某些关于体系的现象和问题难以解释；第三，体系在空间或地理位置上分布广泛，其界限难以确定；第四，在使用过程中，体系内部各组成部分的状态发生改变，会产生新的状态等，具备涌现性。

作为典型的复杂系统，作战体系具备整体性、涌现性及动态性等特征。同时，随着科技的发展，当前作战体系也产生了一些新的特征，如智能化、网络化等。这使得作战体系研究等工作更加困难，作战体系评估面临许多新的挑战。

第一，作战体系的整体作战能力难以分解。在现代战争中，作战指挥员将重点关注作战体系在战斗中的整体作战能力，而不是在作战过程中聚焦于体系各组成部分的具体情况和细节。在过往的机械化战争时代中，作战体系中作战任务、作战目标及武器装备种类相对单一，体系的整体作战能力可以通过基本的拆分组合获得。但是在现代战争中，作战体系中包含多个功能相互独立的作战系统，其中囊括各式各样、广泛覆盖的作战要素；同时，其内部存在互斥、协同、递进等复杂的网络关系；而且，其内部的系统间不是简单的组合，而是在特定规律下的有机结合，这些系统相互具有倍增效果和级联效应。因此，作战体系整体效能很难通过简单的拆分组合来评估。

第二，作战体系的性质涌现难以预期。组成作战体系的各个系统间的相互作用将使得体系的整体作战能力发生改变，从而在体系发展或者作战过程中涌现出新的特性和能力，这些新的特性和能力具有随机性，有概率导致整体作战体系功能坍塌或者效能倍增。而且作战体系具备的这种涌现性很难对其做出准确预测或者人为控制其发生，只可以通过适当方式对其进行引导。传统作战中逻辑关系简单，主要呈线性关系，与现代作战体系的涌现性极为不符。因此，在分析作战体系时，传统的分析思路已不适用，需要通过自底向上、整体涌现的思路综合分析作战体系的能力。

第三，作战体系的动态演化难以确定。作战体系是一个有机的整体，在作战过程中其整体具有显著的自适应能力。作战体系中作战要素的改变会引起作战效能的变化，这些作战要素包括军事人员训练水平、武器装备科技程度等；同时，随着作战体系所处的作战进程的改变，作战体系的整体结构及其内部关系和战斗所处环境也会发生改变。这一特点尤其表现在作战体系以对抗的形式体现作战效能，同一个作战体系对不同对抗条件所展示出的作战效能也是不同的。因此，作为一个不断循环反复的过程，作战体系评估必须根据作战实时反馈结果对评估条件和样式持续进行动态修正和调整。

第四，作战过程中产生的关于作战体系的大量数据难以处理。现阶段，随着科技的不断发展，作战空间持续扩张，中继卫星、火控雷达及各式各样的传感器得到了广泛应用，爆发式地产生了各式各样的不同类型、来源、格式的军事数据，而且产生的数据也能够快速地进行存储与传输。这类军事数据具有鲜明的大数据特征，如数据体量巨大、传输速度迅速、数据种类繁多及数据密度稀疏。对此，传统的作战体系分析评估方法难以迅速对这些数据进行分析，存在一定的局限性，需要运用大数据分析、云计算、人工智能等技术，研究如何从海量军事数据中提取高价值信息及内在作战规律的方法。

1.1.3 体系特征分析

武器装备体系的最终目的是在极其复杂不确定性的战争环境中实施体系对抗的作战，完成相应的使命任务并获得战争的胜利；另一个重要目的是在武器装备体系论证、研制、开发和维护过程中，进行体系化的建设，不仅要实现各种装备的有序发展，还要实现武器装备与国防战略、经济规模、技术发展和后勤保障等方面协调发展。为了实现这两个方面的目标，需要针对武器装备体系独特的本质特征、原理规律和工程方法进行探索和研究。从科学技术的角度来说，事物本身固有的本质特征和原理规律是对其认识和改造的基础，而在事物本质特征和原理规律的基础上，人们发明创造的技术方法是对事物进行有效改造的手段。

根据武器装备体系的最终目的，相对于其他体系或者复杂系统，在研究武器装备体系时需要着重注意以下几点特征。

1. 复杂性与不确定性

在研究复杂系统或系统复杂性的过程中，产生了复杂性理论，这种理论就是在面对复杂系统中产生种种问题时的解决办法。从现在的研究成果来看，对一些过于复杂或难以理解的复杂系统问题，还很难给出有效的解决方法。通常，复杂性理论仅仅帮助研究人员解释体系具备的复杂性或者由复杂性而产生的一些现象，难以从根本上对这些问题提出具体的解决方案。例如，当研究国防领域的问题时，需要把若干相互独立的系统进行有机结合，组成效能更强的国防体系；当研究国防规划问题时，哪些体系需要淘汰，哪些体系需要改进，哪些领域需要研究新的体系，哪些新技术需要应用于体系研究中等。这些问题都是在国防建设过程中研究人员需要解决的，而传统的复杂系统理论及系统理论方法对这些问题已没有较高的适用性。

武器装备体系复杂性的另一方面，也是更加重要的一个方面，即在现有的武器装备集中，面向当前急需完成的作战使命任务，如何有效、快速动态地选取并构建实施体系对抗需要的武器装备集合，如何在极其复杂不确定的战场环境下，有效地实施作战，并且在局部武器、平台或系统出现战损的情况下如何使整体武器装备体系仍然具备高水平的战斗力等，这几个问题都需要在对武器装备体系的复杂性具有充分认识以后，经由专门针对武器装备体系的专项工程方法来解决。

事实上，武器装备体系的复杂性是其不确定性造成的，因此，研究武器装备体系的复杂性，首先必须分析掌握武器装备体系的不确定性。武器装备体系的不确定性不仅仅来源于其论证、设计与研制等工程过程，与其他类型体系不确定性显著的不同还在于其在作战使用过程中的不确定性，主要包括：

（1）复杂物理环境对武器装备体系使用影响的不确定性；

（2）武器装备体系应用过程中伴有的未知情况所带来的不确定性；

（3）武器装备体系应用过程中其内部各子系统在不同状态下的不确定性；

（4）武器装备体系应用过程中其内部组成单元产生的不确定性累计传播导致的复杂性。

2. 涌现性

对于武器装备体系所具有的涌现性的通俗理解是，组成该体系的各独立系统通过各式各样的联系及交互作用所产生的新的状态或特征，这种新的状态或特征是系统各组成部分不具备或者各组成部分独立运行所不能实现的。武器装备系统的整体性与涌现性是交织相连密不可分的，系统形成整体后，产生或涌现了系统功能或性能，这是一种质变，这种功能或性能是形成系统整体前所没有的。事实上，有益的、良性的或积极的涌现行为是系统设计开发的初衷，因此系统设计与实施的主要目的是确保产生积极的涌现行为和特性，以满足系统层的需求。在实际情况中，系统有时会产生设计之外、非预期和非期望的涌现行为和特性，如系统的故障、系统运行没有期望的输出、系统崩溃等的消极涌现。从这个层面和意义上说，系统的积极涌现性在很大程度上是可预见的，并且在设计开发阶段需要重点关注、优化和保障，而对于可能存在的消极涌现也可以通过预先准备的方案或方法来尽可能地避免或消除。

武器装备体系的涌现性不仅在建设阶段采取与系统类似的措施，来确保获得积极的涌现行为或特性，避免或消除消极的涌现行为或特性。然而，武器装备体系更重要的一个方面是，通过从现有的武器、平台和系统集合中，针对当前需要遂行的使命任务，构建形成能够执行体系对抗作战的体系。而此时，通过网络连接的各个武器、平台和系统的结合效应、结构效应、交互效应和认知效应等形成的积极涌现行为和特性，就成了武器装备体系作战能力、效能"倍增"的有效途径，也是在体系对抗过程中获得胜利的一种重要手段。与此同时，交互中断、成员被毁、流程不畅等消极涌现也会随之而来。因此，从这个层面上来说，武器装备体系的涌现性，尤其它在使用过程中致命的积极或消极的涌现行为和特性大多是不可预见、不可设计的，同时既需要千方百计地使武器装备体系具有积极的涌现，又要全力避免、预防或消除消极的涌现。

3. 演化性

武器装备体系作为体系的一个子类，具备演化性的特征。然而与其他体系最大不同点在于，武器装备体系在使用过程中，具有高对抗环境下使命任务频繁变更、成员快速加入或退出，或者新武器、平台和系统的加入；武器装备体系的网络结构与连接、体系成员之间的交互关系可能会发生剧烈变化，其内部功能组成、流程重构和结构重置不断发生；同时，武器装备体系在外部边界、与作战环境之间的交互、与蓝方之间的博弈策略等方面具有极大的伸缩性和不确定性。因此，武器装备体系不仅需要关注其在研制、开发和维护过程中的演化性，更需要对武器装备体系使用过程中动态剧烈的演化特性进行研究，这也是武器装备体系能够应对并赢得体系对抗作战的一个重要方面。

由上述分析可知，武器装备体系的三个特性之间不是割裂的，而是相互依存紧密关联的。武器装备体系作为体系的一个子类，它同样拥有如分布性、异构性、成员独立性和自主性等特性。然而为了打赢信息时代下体系对抗的战争，需要重点对上述武器装备体系特性的本质特征和原理规律进行探索分析，在此基础上建立相应的体系工程模型和方法，使得武器装备体系在应对极其复杂不确定性的战场环境中，能够具有更好的灵活性、适应性和健壮性等，并获得更大的能力、效能的涌现。这是武器装备体系相关原理与效能评估研究的重点。

1.2 武器装备体系评估影响因素

在《中国军事百科全书》中,对武器装备体系的定义为:武器装备体系是武器装备在高度机械化基础上,通过数字化和网络化集成等信息化技术改造,以达到整体功能和结构上的有机统一;现代武器装备体系是由负责打击目标的作战装备、负责信息传递与情报收集的综合电子信息系统、负责物资调度与人员救治的保障装备,以及其他功能相互关联的装备系统共同构成的有机整体。

武器装备体系具有体系的典型特征,包括协作性、涌现性和演化性等。在对武器装备体系进行研究时需要考虑诸多因素,研究其内部具有的各种联系是一大重点,即研究体系中包含的武器装备如何获取在基本功能上相互联系、共同促进,在性能上相互弥补、持续发展,在操作上相互连通、逐渐简化的最佳方式,以使得整个体系涌现出更强的作战能力。

武器装备体系评估受到一些因素的影响,其被影响后,体系的评估需求会发生变化。例如,在评估某个武器装备体系时,是需要评估整体体系的作战效能,还是需要评估体系中组成部分的作战效能;抑或是对武器装备的可行性进行论证,还是对武器装备体系的发展现状进行研究分析。影响武器装备体系评估需求的因素主要有三类:第一,现阶段武器装备体系的发展现状;第二,武器装备体系的特性;第三,组成武器装备体系的作战单元涵盖的种类、型号等指标。

1. 武器装备体系的发展现状

武器装备的发展影响作战体系的作战能力,事关未来战场上的话语权。传统的武器装备发展模式是着重追求单项武器装备作战能力的最大化,目前武器装备发展模式仍未完全脱离这种模式,使得在武器装备体系发展过程中的总体性规划不够科学,不能制定出符合未来战场走向的武器装备体系发展模式方案。若不进行改善,则从近期看可能会造成科学技术、物资能源的浪费,从长远看甚至可能会导致错过军事改革的关键时期,影响武器装备体系的长远发展。

武器装备体系建设正处于一个新的历史时期,单项装备系统的战技性能越来越高、技术水平越来越先进。但需要看到的是,武器装备的整体能力与打赢信息化战争要求相比,还存在明显差距。其中很重要的一点就是体系能力不强,存在体系空白、短板弱项,武器装备建设中"只见树木,不见森林"的现象较为突出,没有很好地形成整体作战能力。因此,优化武器装备体系结构、加快武器装备体系建设发展的关键就是评估体系内包含的武器装备在整体中的作用与地位。

现阶段，相关领域的研究人员越发重视武器装备的体系化发展方式。对武器装备体系完成特定任务的能力进行分析，即体系效能分析，是体系建设、发展的重要环节，对今后武器装备发展及后续的建设优化有着巨大的现实意义。武器装备体系参数研究的成果可以帮助相关研究人员得到各武器装备参数对体系作战效能的相对贡献大小，通过技术改进将重要参数指标的取值调整到最优，从而可以高效地提高整体体系作战效能，提高体系的稳健性。在处理分析结果中不重要的体系参数指标时，采用将其看作定量的方法来处理，以达到简化分析计算的目的，有效减少待分析参数的个数，进而有效减少投入到体系优化过程中的算力资源。从以上的简要分析能够看出，效能分析在武器装备体系优化发展中具有重大作用。

在装备论证阶段开展装备效能评估研究，对装备发展战略研究、规划论证、型号立项论证及作战运用等，都具有重要意义。在武器装备建设的战略机遇期和实现跨越式发展的重要时期，以单项武器装备对整体作战体系的灵敏度作为武器装备发展和建设的重要导向和衡量标准，是坚持作战需求的根本牵引、坚持体系建设等战略思想在装备工作中的体现，也是指导具体工作开展的一个很好抓手和重要突破口，理论与实践的需求都非常迫切。

在不同的武器装备体系发展时期，对武器装备体系评估的需求也有所不同，目前武器装备在向体系化方向发展，对武器装备体系的评估也不能着重于某一项或者某一类装备，需要对武器装备构成的体系进行评估。

2. 武器装备体系的特性

武器装备体系自身具备的特性也是影响武器装备评估需求的重要因素，其自身具备的复杂性与不确定性为体系评估需求增加了困难。

体系具有组成系统行为的自主性与管理独立性、结构弹性与环境自主适应性等特征，导致其复杂性比系统的复杂性更高。武器装备体系是体系的一个分支，它的最终目的是在极其复杂且具有不确定性的战争环境中实施体系对抗的作战，完成相应的使命任务并获得战争的胜利；另一个重要目的是，在武器装备体系论证、研制、开发和维护过程中进行体系化的建设，不仅实现各种武器装备的有序发展，而且实现武器装备与国防战略、经济规模、技术发展和后勤保障等方面协调发展。基于上述两个目的，武器装备体系的特性造就了其独特的复杂性，具体表现如下。

弹性与伸缩性导致的武器装备体系复杂性。弹性是指武器装备体系中作战单元在受到打击、损伤、干扰后能够自主恢复的能力。伸缩性主要体现在两个方面。一方面它强调体系的组成单元在空间上分布广泛，具有独立的功能，可以独立、功能完整、过程闭环地完成相应任务。对系统而言，系统在空间上一般是一体的，其组成单元不能独立、闭环地完成任务。例如，航母编队就是一个典型的应用体系，其组成单元的航母本舰、驱逐舰、护卫舰、潜艇和各型飞机都是可以独立运行完成警戒探测、跟踪定位、打击防御的相应作战任务的。而雷达系统，作为一个系统，其发射机、接收机、信号处理器、显示设备等组成部分不能单独完成作战任务。因此，体系的组分系统更加强调"活"，系统的组成单元则相对"死"。另一方面，它强调体系组成和功能上要具有弹性，即指体系的边界不确定，可动态配置功能、资源以适应不同任务的需要，而系统的功能、组成、性能都是固定的。武器装备体系的这种弹性和伸缩性是形成其复杂性的重要原因。

在作战过程中，受到复杂多变的作战环境影响，武器装备体系具备的涌现性会显著生效，引发体系的复杂性。这是指体系组成单元通过交互协作实现其独立运行所不具备的新的功能和特性。涌现性主要通过体系中各个单元之间的信息传递与融合、功能交互与传播，以及体系与环境的持续交融、演化而使武器装备体系具有对抗过程中的涌现性。例如，A船作为探测节点，将目标信息传给C船，由C船发射导弹打击目标，实现远程超视距打击和协同打击。实际上系统和体系同样具有涌现性，但其涌现性的展现或实现方式不同。系统的涌现性可以称为预设式的，而体系的涌现性是突发式、不可控的。对武器装备体系而言，涌现性具有正向积极影响和负向消极影响两方面。正向积极影响是指体系涌现的功能和特性使体系的整体性能或能力得到大幅度提升，而负向消极影响则相反。以上提及的这些特性都会导致武器装备体系的复杂性显著增加。

动态演化性导致的武器装备体系复杂性。演化性包括静态演化性和动态演化性。静态演化性是指在非使用状态下，武器装备体系随时间变化，通过新的组成单元加入、新系统的研制或部分系统的升级完善，来满足新的需求。动态演化性是指在体系对抗使用过程中实现面向效能的结构优化、功能完善和性能提升等，在不确定战场环境的体系对抗过程中具有"自组织""自完善""自治愈""自优化"等特性。而系统的演化与体系的静态演化基本相似，主要依靠整体性的更新换代、部件更新升级来完成。然而武器装备体系在对抗过程中的动态演化，要求在作战单元故障或战损、功能缺失、流程中断等情况下，通过在线实时动态的结构重置、功能重组和流程重构，实现武器装备体系生命力的延续和作战能力的保持。这种动态演化性极大地增加了武器装备体系的复杂性。

战场的环境复杂多变，存在于战场的武器装备体系易受到其影响而产生不确定性。例如，复杂电磁环境对雷达性能的影响、复杂水声环境对声呐作用距离的影响具有很大的不确定性等，这类不确定性主要是由客观不确定性组成的。武器装备体系主要通过雷达、声呐等设备实现对作战目标的探测和跟踪等，这是实施体系对抗的前提。复杂的地理环境、大气环境、电磁环境、海洋环境和水声环境等对武器装备的不确定性影响非常大。例如，海洋动力噪声、生物噪声、交通噪声和工业噪声、地质噪声和热噪声等海洋环境噪声，具有复杂的时、空、频变异性，同一海区不同时间段（上午、下午和晚上），受温度、盐度、洋流等因素影响，水下声道产生不确定性变化；不同海区的环境噪声谱级、指向性和垂直相关性极为复杂。这使得声呐探测距离、精度等具有很大的不确定性。武器装备体系采用多种装备和手段，通过对多源异构不确定性信息融合来实现对目标的探测识别与定位跟踪，这样可以获得在复杂战场环境中观察目标的健壮性、收集信息的敏锐性和丰富性、更快的反应时间等好处。但是这也存在坏数据污染好数据、大量多种类信息之间的不完全一致性导致辨识不确定性等巨大风险。

对抗双方零和博弈不确定性。在体系对抗的过程中，蓝红双方的最终目的都是打败对方，获得最后的胜利。在体系对抗过程剧烈变化的战场环境、作战态势、作战任务和作战行动中寻求零和的博弈决策。博弈双方的决策主体需要在高度不确定条件下进行决策，如不能确定战场环境和态势，不能确定目标精确信息，对博弈中发生事件的真实性无法确认，不能确定对方采取的当前行动，无法预测对方的未来行动等。这种不确定性主要是认知的不确定，它表现为对战场感知和认知不确定性条件下的全方位体系对抗决策的不确定性。

武器装备体系内部行动、协作和认识等不确定性。武器装备体系在实施对抗作战的方案制定、任务规划和行动决策的过程中，一般都通过多节点、多人协同与协作来实现，然而不同的个体经历、性格、偏好等往往会形成多人多方面协同与决策的不一致性和不确定性，包括人在回路过程的认知与决策的随意性、倾向性都具有很大不确定性。而为获得体系整体优势和最优效能的体系对抗必须处理好这种不确定性。

各个组成单元不确定性传播导致的武器装备体系复杂性。武器装备体系的各个组成单元通过复杂网络实现连接与交互，形成执行体系使命任务的一个整体流程。因此，武器装备体系内各个组成系统的不确定性也会在体系成员之间交互而传播，这种不确定性联合传播关系的复杂性表现得尤其明显。

3. 武器装备体系的指标

武器装备体系中包含多种不同型号、不同类别的武器装备，这些武器装备都具有不同的战技指标及形式各异的战场功能，武器装备体系评估需求受到其包含的装备数量、类型等的影响。

对于杀伤类武器装备，其需求多为通过打击类的指标，如口径、射速、射程等，对其打击能力进行评价；对于侦察探测类的武器装备，对其探测效能进行评价，通常通过传感器数量、最大探测距离，以及对恶劣天气的耐受能力等指标来衡量；对于补给支援类的武器装备，其在战场上一般负责物资补给、伤员救治等任务，评估其机动能力等具有重要意义。

1.3 武器装备体系评估分析框架

本节研究了一种武器装备体系评估分析框架，该框架以作战任务为研究基础并加上作战能力的分析，解释了从对作战任务的研究分析，到作战能力的评估分析，最后从体系整体性的角度对其进行分析研究的完整过程。

在综合考虑武器装备体系评估影响因素后，对武器装备体系评估需求做全面的分析。当前阶段，作战的任务、形式、目标等与过往相比越发多样性。而且，在作战过程中，战场环境、作战任务及装备完整度都会随着作战进程的推进而发生改变，作战的需求也会不断发生变化，同时体系中武器装备自身的战场适应性也不同，种种难以预测的因素不断累加，使得武器装备体系的研究需求也不断增加。可以看出，现阶段武器装备体系的建设、改进的关键之处将聚焦于提高整体的稳定性、战场适应性和灵活性等方面，从而保证在面对复杂多变的战场环境、作战任务等不确定的情况时，武器装备体系能够发挥其原本的作战效能并保持正常的工作状态。

在武器装备体系化建设中，需要首先进行的必经阶段就是对武器装备体系的需求进行分析。这作为武器装备体系研究过程中的重点难点，在武器装备体系需求分析过程中，需要构建与武器装备体系相匹配的适应力及红蓝对抗机制，这是持续挖掘武器装备体系分析需求和评估需求的重点，所以构建一个与武器装备体系相适应的蓝军体系是必需的。

现阶段，作战双方的交战形式已经转变为体系之间的对抗作战。怎样依据目前的作战模式，以夺取高新技术条件下的现代战争为目标，得出现阶段武器装备体系建设的发展需要，使得武器装备体系稳中向好、协调有序发展，已成为指挥员和决策者面前的难题。武器装备体系实现高新技术条件下的联合作战必备的基本功能或必须满足的条件就是现阶段的武器装备体系需求，其主要内容包括三个方面：第一，为满足完成某作战任务需要，武器装备体系需具备的特定功能；第二，用来解释第一项中提到的功能或相关约束的条令规则；第三，武器装备体系所包含的子系统或者装备的数量多少。

当前的作战模式越来越看重多种多样的武器装备以体系化的形势有机融合与共同促进，从而夺取战场上的整体作战优势。武器装备在作战过程中完成任务的需求其本质上就是武器装备体系的需求，同时，现代战争由于信息化等高新技术的支撑，在对武器装备体系需求进行分析时，必须将重点落到体系的整体作战能力上。因此，为满足未来战场上体系对抗的作战形势，总结出以作战任务为基础、提高体系作战效能的武器装备体系需求分析框架（见图1-1）。该框架分为三部分：一是以国家战略、未来军队面临的威胁形势、现代战争体系对抗条件下的作战概念、军队建设及社会的经济情况等作为需求分析的输入；二是需求分析空间，以现阶段高新技术条件下体系化对抗的作战样式，开展武器装备体系在作战过程中面临复杂多变的战场任务需求分析、为适应不同作战环境下作战的能力需求分析及体系化武器装备需求分析；三是通过需求空间分析以形成武器装备体系需求方案，要求形成的需求方案能够对未来武器装备体系的建设、改进、发展提供指导。

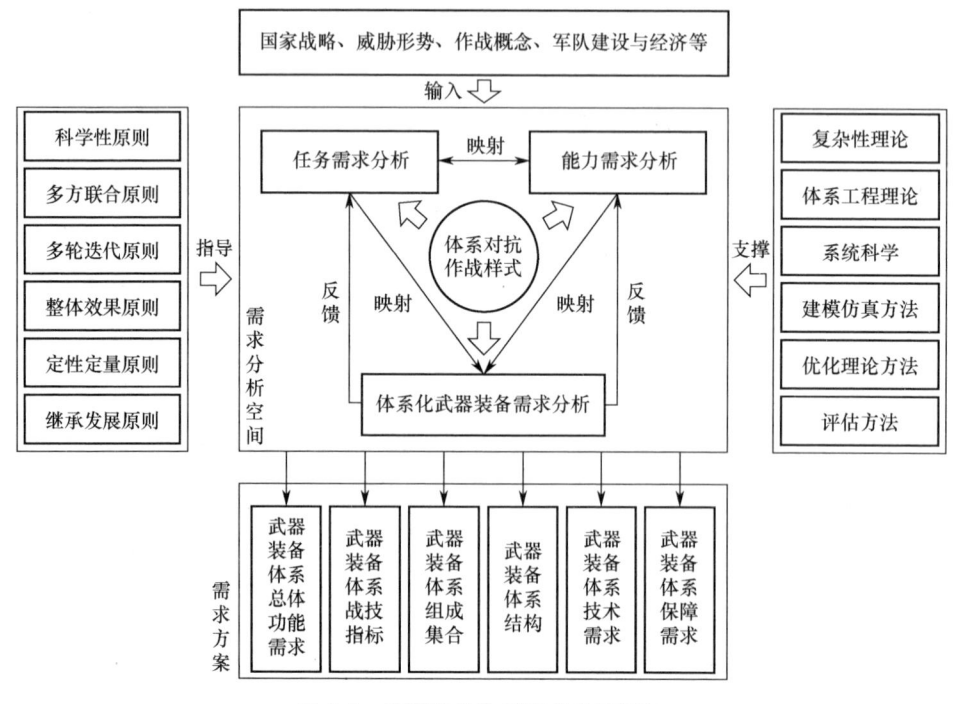

图 1-1　武器装备体系需求分析框架

第1章 绪 论

在构建的武器装备体系需求分析框架中,以复杂多变战场条件下的体系化作战对抗为中心,将武器装备体系在作战过程中面临复杂多变的战场任务需求分析、为适应不同作战环境下作战的能力需求分析及体系化武器装备需求分析有机结合,经持续改进发展,获取能够满足武器装备发展方略、能够有效应对今后的种种威胁、达到预计的作战结果的武器装备体系整体需求方案。

第 2 章

武器装备体系效能评估分析

本章对武器装备体系效能评估中的概念、定义等进行总结，提出效能评估分析需要遵循的原则及分析流程，对现有的体系效能评估方法和国内外体系效能评估的研究现状进行总结。检验介绍深度学习方法，并总结其在武器装备体系分析研究中的广泛应用，最后提出利用深度学习方法对武器装备体系进行分析研究的总体技术路线。

2.1 武器装备体系效能评估问题研究

本节对武器装备效能的定义进行归纳概括，给出效能评估需要遵循的指导原则，总结对武器装备体系效能进行分析的过程，整理目前主流的效能评估方法。

2.1.1 武器装备体系效能

1. 关于效能的定义

通常认为效能的定义如下：效能是某体系完成某些规定任务并达到一定程度的能力；或者说在特定的环境下，实现某预定目标的能力。"特定的环境"是指体系所处的具体环境、确切的时间等要素；"预定目标"是指预期体系能够完成的工作；"能力"则指的是任务或目标的完成程度。

从统计学的角度对效能的定义：体系在特定的工作环境下能够完成某特定作战任务的概率。

武器装备效能的定义：在指定的环境下，某武器装备参与某任务的执行行动时，该任务的完成程度。

效能度量，从字面意思来看是指效能大小的度量，可以用任务完成概率或者工作的完成进度等指标来进行定量描述，通常可以分为单个武器装备效能、体系整体效能等。

2. 武器装备体系效能

武器装备体系效能是指在指定环境下，某装备体系完成特定作战任务的能力，包括完成概率、完成时间、完成效果等。对不同的武器装备体系来说可能会有不同的评估需求，应当根据评估需求对其效能进行定义，如在以提升打击速度为目标的武器装备体系中，考虑作战效能时应当考虑其任务完成时间。

美国对武器装备体系的效能有不同的定义。美国工业界武器效能咨询委员会认为：体系效能是预期一个体系能满足一组特定任务要求的程度的度量，是体系的有效性、可信赖性和能力的函数。美国航空无线电研究公司的定义是：在规定条件下使用体系时，体系在规定时间内满足作战要求的概率。美国海军的定义是：体系能在规定条件下和在规定时间内完成任务的程度的指标，或者体系在规定条件下和规定时间内满足作战需求的概率。

现阶段认为比较好的定义是美国武器效能系统工业咨询委员会提出的，它将效能定义为与体系和作战环境有关的函数，较为符合实际情况。

2.1.2 效能评估的原则

作战体系的组成部分包括各式各样、具有不同功能的武器装备，是一个能够完成特定作战任务的整体。体系作战效能是作战体系在特定条件下实现作战目标的能力，也就是衡量体系在预定环境中完成如探测、识别、跟踪、毁伤等作战任务的水平。

如前所述，效能度量可以用任务完成概率或者工作的完成进度等指标来进行定量描述，通常可以分为单个武器装备效能、体系整体效能等。在选取体系的效能度量值时，往往会考虑体系作战环境和作战任务等因素的影响，这些因素越复杂，选取过程也就越复杂，所以指挥员或研究人员在进行装备论证、体系优化时必须综合考虑这些因素，选择能够完整反映整体体系作战效能的度量指标。

自 20 世纪 70 年代末以来，效能分析的主要方法和技术手段是建模仿真和运筹应用。在建模仿真领域，进行了许多基础性研究，对武器装备效能评估方法、体系结构优化、分布式交互仿真、战场综合仿真环境、模型综合集成等技术领域进行了大量的探索研究，研制出大量的各类军事仿真模型、效能分析模型，对武器装备的论证分析、作战体系的效能评估、军事工程设计及部队行政管理等多方面起到了推动作用。

但是，从总体来看，武器装备效能分析方法和技术手段不能满足应用的需要，相关的效能分析方法及建模仿真技术还有很多需要解决的问题。为了适应信息化战争的需要，推进装备现代化，使效能分析及其方法沿着正确轨道发展，为决策提供强有力的支持，武器装备效能分析应坚持以下几个原则。

1. 武器装备效能分析要体现应用主导原则

武器装备效能分析是一项应用技术，离开具体的需求谈武器装备效能分析，必将成为无源之水、无本之木。在武器装备效能分析过程中必须始终坚持应用主导、需求牵引的原则，要按照任务需求确定建设内容和设备购置方案，避免贪大求全和盲目追求"高、新、尖"。

武器装备效能分析的实践告诉我们，开发一个能用于演示汇报的系统并不难，但要开发一个实用的系统就要做深入、细致、艰苦的工作。这就要求我们以高度的事业心、责任心和良好的敬业精神来从事建模与仿真研究，发挥其在装备建设中的作用，坚决避免急功近利、短期效应和做表面文章。

2. 武器装备效能分析过程要体现综合性原则

武器装备系统一般都由大量既相互独立又相互依存、相互制约的分系统、设备、构件及零配件等各个不同层次的部件组成，是多分系统、多构件的复合体。各组成部分的效能水平都在一定程度上影响着系统的整体效能，而且其效能的发挥也受多种环境因素的影响，无法也没有必要对其每种环境下的各个具体组成部分的效能水平都进行准确的测量和评价，因此其效能分析过程需要运用适当的方法对规定的条件下的武器装备系统整体效能水平进行综合测度。

3. 武器装备效能分析结果相对性原则

武器装备效能评价具有一定的环境限制，只有在同一环境下的不同武器装备的效能评估值才具有可比性，如没有规定条件的限制，单凭某个评估值并不能说明该武器装备要比另一武器装备效能更高或更低。例如，某型号武器装备系统其效能评估值为 86，而在另一条件下另一型号的武器装备评估值为 78，这并不说明后者比前者差，这是因为后者可能面临艰苦的任务操作环境。武器装备效能的相对性原则还体现在其评估目的的相对性，其评估不是为了追求评估值的绝对值而是为了通过效能评估获得相同条件下的不同装备系统开发方案之间效能的相对可比性，进而决定系统开发方案的优劣取舍，从而优化武器装备设计和选型。

4. 效能指标的建设要体现全面系统性原则

在分析武器装备体系的作战效能时，选取评估指标必须考虑体系的完整性，要求选择的评估指标能够综合反映武器装备体系的作战能力，并且做到层次分明，层级关系分明，从上到下逐层分解，最后落实到具体的指标参数。这些指标彼此要尽量相互独立，并且应基本反映评估对象总体优劣。系统分解指标过细或者层次分解过深不但会增加系统评估的工作量，而且并不一定会增强系统效能评估的准确性。

5. 武器装备效能分析方法及其模型要体现简洁、直观、可行的原则

武器装备系统本身结构复杂，再加上其所面临的任务环境复杂多变，而客观上装备系统的优化设计决策需要及时快捷的效能评估结果，并且效能评估模型要简单易懂、便于非专业人员及设计人员做出决策。模型中所需数据均可以通过历史统计数据、试验测试或者仿真等手段简便地获得，对装备未来使用过程中环境操作条件的假设和推理要客观，并且随着装备研制设计任务的逐渐向前推进，装备未来所面临的任务条件将逐渐清晰，对仍不能明确的任务条件也要详细分析任务条件可能出现的概率和任务条件可能的详细状况，并做出评测。

2.1.3 效能评估的分析过程

在实施效能评估之前需要开展效能分析工作，通常由两部分组成：一是准备分析材料；二是实施效能分析。

准备分析材料分为四个阶段：第一，收集体系信息，包括武器装备涵盖情况、适用环境等；第二，确立评估目标，到底是评估体系的任务完成度，还是任务的完成效率；第三，设计评估的约束条件，即在怎样的条件下开展效能评估，包括武器装备的技术水平、涉及的作战任务类型等；第四，构建评估方案。

实施效能分析分为五个阶段：第一，分析效能和费用，综合多方面因素对效能进行分析，提出用于评估效能的模型，并计算在评估过程中的花费情况；第二，确定评估方案，通过对拟制的评估方案进行分析后，得到每个方案的评估性能及耗资情况，据此选择最优方案；第三，风险及不确定性分析，对选定的方案和假定的环境等进行风险和不确定性分析，以便应对在评估中出现的各种问题；第四，输出评估结果，通过模型、方案等得到效能评估结果，对结果进行分析，讨论得到的结果是否符合预期；第五，评价与反馈，综合评估过程中的诸多情况，总结评估过程，形成反馈意见，有助于提高今后的评估效率。

2.1.4 效能评估的方法

目前，效能评估的一般流程包括三部分：第一，对待评估武器装备体系或作战体系进行分析，分析体系中的信息交互、指挥流程机制等；第二，在体系分析的基础上，选取适当的评估指标，形成评估指标体系，用于后续的效能评估；第三，根据构建好的指标体系，结合所处的环境和拥有的设施设备等，研究采用科学合理的评估方案开展效能评估。当前体系的效能评估方法包括解析法、专家评估法、作战模拟法及新兴的人工智能法等。

1. 解析法

解析法在武器装备体系效能评估中的应用十分广泛，该方法通过建立效能指标与影响因素之间的函数关系，并应用数学方法或者运筹学理论对效能方程进行求解，得到评价指标的定量解。当前应用较多的解析法有兰彻斯特方程法、ADC方法、SEA方法、指数法、信息熵评估法等。

2. 专家评估法

在算法模型尚未运用到效能评估领域时，专家评估法是被广泛使用的方法。其核心思想是对指标或方案等进行打分，最后综合得到某体系的作战效能值，其结果具有一定的权威性。该方法的优势是能够在数据量不够、体系相关资料不充分的条件下根据专家的经验对作战效能进行定量化的评估。专家评估法的步骤包括：一是对待评估体系进行分析，根据分析结果，选定评估指标，同时为每个指标设定分值；二是由相关领域的权威专家根据指标情况进行打分，通常使用加权相加或相乘的方法计算出评估结果。专家评估法的准确程度，主要取决于专家的经验及知识的广度和深度。可以看出，专家评估法有易于理解、操作简便的优势，其缺点在于有较强的主观性和专家打分的过程缺乏系统性，如何客观准确地确定专家的权重，直接关系体系效能评估结果的客观性和准确性。基于专家评估的体系效能评估方法可细分为层次分析法（AHP）、模糊综合评价法及群体多属性决策法等，其中层次分析法是最为典型也是当前应用最为广泛的一种专家评估法。

3. 作战模拟法

武器装备体系的作战效能只能在作战过程、完成任务时才能够展现出来，而以实际作战论证武器装备体系效能是不现实的，只能借助作战模拟法，采用仿真建模法等进行。作战模拟在军事研究领域中应用广泛，如武器装备论证、体系评估等，是研究分析的主要手段。作战模拟法的核心思想就是应用计算机建模，基于提前设定好的武器装备数值和作战进程，搭建仿真环境，建立仿真实验，通过仿真推演结果来对作战效能进行分析研究。作战模拟法的优势在于，能够模拟实际的作战过程，使整个作战过程直观地展示在研究人员面前，并且现阶段研究比较深入的仿真平台已经能较为充分地考虑实际作战过程中的各种不确定性，因此作战模拟法是现在应用广泛的方法之一。目前，作战模拟法主要是依靠仿真平台进行推演，以及应用相关算法进行建模预测。

4. 人工智能法

现阶段，计算机技术飞速发展，各种新型算法飞速发展，人工智能在多个领域已有显著应用，其中深度学习作为神经网络的进化版本，是人工智能领域的代表。当前阶段，传统的作战几乎退出了历史舞台，取而代之的是与各种信息化技术相关的现代作战，作战过程中将会产生海量的作战数据，涵盖战场环境、作战任务、武器装备性能等各方面。深度学习的核心思想即利用数据训练多层神经元网络，使得网络能够实现研究者预期的功能。因此，将深度学习应用于武器装备体系效能评估领域，能够充分利用作战过程中产生的海量数据，通过数据训练网络，使得深度学习模型能够从中凝练出战场规律，弥补传统经验判断的主观缺陷，实现体系作战效能的有效评估。

2.2 评估方法国内外研究现状

归纳概括国内外对体系效能评估的研究现状，通过国内外现状可以看出目前体系效能评估仍然存在一定的局限性。

2.2.1 国外研究现状

国外学术界近几年来针对体系评估分析开展了一些探索性工作。在 20 世纪末期，美国作为世界超级大国，最先预测出在各种高新技术不断发展的未来，成体系的两军对抗必将成为现实，通过战斗过程中不同的作战系统将以联合作战的形式紧密相连，其任务需求与传统的"基于威胁"不同，未来战场上对武器装备体系的"作战能力"更加看重。在传统的武器装备发展模式中，缺少成体系对抗等思想的引导，大力发展某项能力或某种武器装备的现象显著，而这种发展模式并不适应未来信息化条件下的体系对抗作战形式。在持续发展过程中，美国相关领域的研究人员发现传统发展模式的弊端，及时转型，探求成体系化的"基于能力"的发展模式，并且开发了联合能力集成与开发系统（Joint Capabilities Integration and Development System，JCIDS）。通过对当前的武器装备体系进行评估，发现当前体系中缺失的关键功能及必备的能力，研究人员制定出多个解决、优化方案对体系进行改进。该系统能够大致计算出这些方案的耗费情况，以及将其应用于武器装备体系后的效果情况，从而达到指导研究人员做出决策的目的。

对于武器装备体系发展中遇到的问题，其他国家也有各自的解决方案。俄罗斯军方研究人员制定了《综合目标纲要》。该纲要旨在充分利用军队建设中的各种资源。俄罗斯军方规定在制定如武器装备发展的执行方案时，必须设计多个针对设计的方案，从耗资、耗时、预期效果等多个角度给出评价，最后根据评价结果选择最优的执行方案，从而达到在武器装备体系的发展过程中实现协调均衡、稳步前进的目的。巴基斯坦开发了类似 JCIDS 的评估系统，同时也在不断研究将发展方案优选与未知威胁预测相结合的改进系统，将其应用于武器装备体系的论证、改进和优化。波兰借鉴了美国军方海关和边境保护局分析的步骤及仿真平台，结合本国武器装备体系发展情况，提出了定义武器装备体系分析需求的流程方案，并设计了将武器装备体系需求与实战对抗相结合的计算机仿真平台，为其军队的长远发展提供了技术支撑。

对于武器装备体系作战效能的评估，国外使用最广泛的方法是建模仿真，分析某武器装备体系的应用需求，在仿真平台搭建仿真环境，将作战任务、作战环境、兵力部署、作战单元数量等要素设定好后，进行仿真推演，对推演过程中出现的诸多状态、作战任务完成情况进行记录，以此来评价武器装备体系的作战效能。

美国军方在仿真平台设计、效能评估应用等方面成果显著，如美国佐治亚理工大学的 Kirby 研究开发了一种广泛应用于军事评估领域的技术方法（TIES 法）。该技术将武器装备体系鉴别、评价、优选集成到了一起，能有效评估武器装备体系的作战效能。20 世纪初期，美国军事领域的研究人员 Morris 在其专著中对一般武器装备效能评估的具体方法流程、结果分析等进行了详细的解释。2012 年，Andreas 研究了人工智能领域中 AGENT 范式在军事研究中的应用。AGENT 范式的核心功能是能够感知并适应周围环境的变化，并做出应对措施，从而达到完成任务目标的目的。Andreas 则利用其这一功能将 AGENT 范式与作战建模相结合进行讨论，并举例说明了 AGENT 范式在作战仿真模拟中的应用。2016 年，美国学者 Jan 研究了战斗机平台的优选方法，在对已有的战斗机相关资料进行分析后，总结并给出了一些可行的评估指标，并利用这些指标对不同的战斗机平台进行了效能评估，具有一定的指导意义。

2018 年，波兰军事领域的专家 Andrzej 对武器装备体系在对抗作战过程中的作战效能及评价指标进行了定义，在此基础上，总结出了以一个度量体系效能为目标的冲突模型。该模型对作战环境中如地形地貌、气温天气情况等进行了考虑，最后给出了模型的实施流程及与其他模型的对比结果。2020 年，韩国学者 Nam 重点对陆地战车的生存适应能力进行了研究，通过对不同型号的战车固有性能、作战数据等资料进行分析，设计了战车零部件损伤预测程序，基于此建立了用于评估整体战车损毁率的数学模型，用以评估不同战车在战场上的生存适应能力。

2.2.2 国内研究现状

对于效能评估，国内最早是从总结国外的研究方法开始的，将国外的研究方法与我国国情相结合，形成了以数学解析法、仿真模拟法和综合评价法为代表的传统评估方法。这些方法经过多年的发展后在武器装备体系效能评估中得到了广泛应用，为武器论证、体系建设优化做出了一定贡献，但其也有一些缺点。

数学解析法的核心思想是通过对作战双方体系、作战环境、作战任务等相关数据的解析，建立多个函数关系，用以描述作战体系、作战环境等，同时以作战任务、评估指标等确定约束条件，经过运算得到体系的作战效能。数学解析法的典型代表包括指数法、灰色评估法、ADC 法等。国内有大量学者将数学解析法应用于军事领域，并取得了一定成果。彭辞述等将 ADC 法进行了改进，在对体系进行分析的同时讨论了不同火力打击能力及操作熟练度下的体系作战效能，最后的结果与实际情况对应。肖立辉等以系统论为基础，研究了结合指数与兰彻斯特分析的体系效能评估法，在构建效能评估指标体系时考虑了协调能力及装备损耗等，最后计算出多军种混合部队作战体系的效能，结果较好。数学解析法具有评估流程简便、评估效率高、侧重点分明的优势，通常在静态评估中使用，其不足之处在于建立函数关系时较为困难，部分复杂的作战体系难以用数学公式表示。

仿真模拟法的核心思想是将真实的作战建模到计算机中，通过预设参数、选择作战模式的方式搭建仿真环境，进行仿真推演实验，重点关注推演过程中体系的变化及最后的任务完成情况，实现体系作战效能评估。由于难以采用实战的方式进行论证分析，因此仿真模拟法在军事领域应用广泛，其优势在于推演过程直观可见；随着现阶段各式仿真平台研究的深入，在搭建仿真场景时能够对多个要素进行设置，考虑多方面的影响；仅仅消耗计算机算力就能够得到诸多数据结果，成本低，易于操作。刘云杰等在对联合作战体系进行效能评估时采用了仿真模拟的实验方法，并且提出了以构建评估指标、设置假设约束、搭建仿真实验、结果分析为主要步骤的完整流程，实用性强。马力等对作战过程中交战双方作战体系的结构与整体效能之间的联系进行了研究分析，通过仿真建模和结果统计分析，总结提出了体系网络化效能仿真分析框架，经结果验证该方案具备可行性。仿真模拟法的不足之处在于仿真环境中的作战单元行为、作战环境等都是提前预设好的，缺乏随机性，目前仿真模拟法多用于结论论证及武器装备测试等。

综合评价法的思想是在进行体系作战效能评估时，对不同的体系组成部分采用适宜的评价方法，最后再将结果进行整合，综合得到整体作战效能。因为对于不同的系统，采用不同的评价方法得到的结果可能会不同，所以应选择最合适的方法以达到最佳结果。周中良等将云理论和层次分析法相结合，构建了评价模型，改善了体系评估中存在不确定性的问题，减少了专家打分过程中主观性、随机性的影响，达到了将定性分析转化为定量分析的目的。朱蕾通过对信息系统进行分析，建立了作战效能指标体系，在体系评估中应用了物元分析法，使得评估的等级从模糊定性描述转化为直观的定量结果，经过分析得到了信息系统作战体系的弱势环节，对体系的发展建设具有一定的指导意义。应用综合评价法的难点在于在如何选定研究方法，有时会出现整合后评价结果更差的现象，寻找最优方法组合也是该方法的难点。

2.2.3 小结

通过以上总结分析可以看出，传统的体系效能评估方法在军事领域的诸多方面都取得了成果，对体系发展具有一定的指导意义，但同时也存在一些不足之处，如主观性较强、缺乏随机性、时效性较差等。总体来说，体系效能评估可以着重考虑以下几点。

第一，在进行体系效能评估时，重点关注评估的整体性，从整体出发研究体系的作战效能。未来的作战方式是在各种高新技术加持下，多军种联合、全天候开展的现代化联合作战，作战过程中包括体系对抗、电子战等多方面内容，因此在开展体系效能评估工作时必须全方位考虑体系的整体情况，对体系的层级结构、组成要素进行一一分析、有机结合，从整体的角度分析，关注其内部的各种联系。

第二，有针对性地开展体系效能评估，将重点放到提升我军军事整体实力上来。采用的评估方法必须与我国国情、军情相结合，符合现阶段武器装备体系的发展阶段、军事理论、指挥关系、装备战技指标等，将体系评估、装备论证与武器研发、作战演练有机结合,科学合理地推进国防军队的现代化进程。对不同的作战环境和交战对象,要结合实际情况采用不同的评估方法开展。

第三,由于武器装备体系并不固定、作战任务种类繁多等不确定性因素的存在,在设计体系效能评估方法时需要考虑方法的灵活性。根据不同的体系、不同的作战任务、不同的作战环境等因素,不能采用固定的、静态的评估方法,需要根据实际情况选择合理的评估方法,综合考虑定量、定性因素。同时,积极结合新技术,促进评估方法的发展与技术更新迭代同步。

第四,作战是两股不同势力之间的对抗,是体系与体系之间的对抗,要重点关注体系之间的这种对抗性。在作战过程中,胜利的一方实则是更具有对抗性的一方,体系的对抗能力就是作战效能最根本的反映,因此在开展体系评估工作时,必须考虑对抗作用,不能孤立地对一个体系进行评估,需要为之设置一个能够对应的蓝方体系,通过对抗体现作战效能的高低。同时,在评估过程中要重点关注红方体系的优势与短板,总结突破点和防守点,给今后体系的发展打下基础。

从总体上看,现阶段不存在所有体系通用的效能评估方法,对不同的作战体系需要以往的文献资料作为参考,总结前人的研究方法,融入新兴技术,探究具体的实现流程。可见,推进体系作战效能评估任务艰巨,还需要更加深入的研究。作为作战体系发展建设、武器装备论证的关键环节,加快研究体系效能评估方案意义重大。

2.3 基于深度学习的武器装备体系效能评估方法简介

本节对深度学习进行介绍,总结概括深度学习在体系效能评估中的应用,并且给出了利用深度学习对武器装备体系进行分析研究的总体技术路线。

2.3.1 基于深度学习的武器装备体系效能评估研究现状

在人工智能领域,最早有研究人员开始研究神经网络,他们发现这种由多个神经元组成的网络能够从数据中学习特征,并且实现一定的功能,这就是深度学习的雏形。深度学习的核心思想就是通过多层能够识别特征的网络进行堆叠,使得整个模型能够对更复杂的数据特征进行学习,从而使模型实现图像识别、声音模拟等功能。正是因为深度学习具有这样的特性,所以能够将其应用于武器装备体系的作战效能评估中,通过海量的军事数据学习战场特征、总结战场规律,实现作战效能评估。目前常见的深度学习模型包括深度神经网络、递归神经网络等。

国外将深度学习应用于军事领域比较早,目前已经有了一些成果。Xue 等研出一种将全景卷积网络与长短时记忆网络相结合的神经网络,该网络能够有效提取数据的隐藏特征,实现作战意图识别,提高识别准确性,用以解决现有作战意图识别方法抽取情报资料信息特征困难的问题。针对在无人机集群空战中战术决策困难的问题,Liu 等结合深度强化学习与 Q 学习,研究出一种智能战术决策方案,使得在无人机集群对抗中计算机辅助决策系统能够精确判断每架无人机的动作情况,并给出智能决策,能够有效解决当前问题。

在战场态势预测评估领域,深度学习也有一定的应用。Shoko 等通过构建深度学习模型,利用海量的声音源数据,训练深度学习模型,模型经训练后能够提取源声音数据中的态势信息,实现噪声分离。Peng 等利用深度学习构建了战场态势预测模型,在神经网络选择上,考虑战场目标分类识别是一种分类预测问题,其选择采用了卷积神经网络,研究结果表明预测效果较好。

当前阶段,科技化、信息化进程加快,武器装备体系也随之发展,在战斗过程中产生的数据显著增多,采用一般的体系评估方法往往不能充分利用珍贵的军事数据,因此深度学习评估方法是当前阶段的较好选择。深度学习在体系作战效能评估中应用的核心思想就是通过海量的军事数据(包括仿真数据和实战数据,涵盖作战环境、作战任务、武器装备参数等多方面),提取隐藏在其中的战场特征,利用多层神经网络中的神经元权重来模拟战场规律,从而实现体系的作战效能评估。训练好的深度学习模型具有黑箱性质,将待评价体系的相关参数输入到训练完毕的模型中,模型就能够自动对体系进行分析评估,得到评估结果。目前,国内有不少学者将深度学习应用于军事评估领域,取得了一定的成果,推动了武器装备体系的发展。戚宗锋等认识到深度学习中的特征学习、函数映射等优势,为弥补传统 ADC 法主观性较强的缺点,将深度学习技术与传统 ADC 法结合,构建了结合深度学习的层次分析模型,效果较好,对体系作战效能评估具有一定的指导意义。李妮等构建了深度神经网络模型,对某武器装备体系进行了评估,效果较好;同时该研究针对深度学习神经网络结构中隐藏层、神经元数量难以确定的问题,给出了不同数据下的深度神经网络结构指导规则,具有指导意义,能够为研究人员提供参考;最后在效能评估的基础上,采用优化算法对武器装备体系进行了优化,研究流程可行。谷加臣等则对传统的 BP 神经网络进行了分析,将遗传算法结合到模型训练过程中,大大提高了训练水平,使得改进后的神经网络模型能够有效地解决军事领域中常见的非线性问题。可以看出,深度学习在体系效能评估中的优势在于:第一,深度学习作为人工智能领域的重要技术,在很多领域都有应用,并且已经形成了完整的技术模式,从中可以学习借鉴一些方法理论,研究其在效能评估上的适用性;第二,深度学习具有黑箱性质，在将其应用于效能评估时可以避免主观影响，降低误差；第三，能够充分利用体量庞大的军事数据，并且数据越多、越完整，深度学习的训练效果就越好。深度学习的不足之处在于：第一，当进行模型训练时，对数据的量及完整性要求较高，但是对现阶段仿真数据的可靠性存疑，真实数据难以获取；第二，不能用科学合理的机制对深度学习的原理进行解释，但不能否认其在体系评估领域的应用价值。

综合以上研究现状可以看出，深度学习得益于其特征学习的优势，在军事领域得到了广泛的应用，在如态势预测、战场目标识别、指挥决策辅助等领域成果显著，以深度学习为代表的人工智能技术在军事领域的应用越来越多。对于体系作战效能评估，主要应用其特征提取、非线性函数映射的优点，模拟大脑中神经元的情况，对作战体系、作战方案等进行有效评估。在后续的研究中，我们将以深度学习为基础，开展指标体系构建、效能评估及灵敏度分析等工作。

2.3.2 基于深度学习的武器装备体系分析研究

图 2-1 是基于深度学习的武器装备体系分析研究技术路线。首先对武器装备体系进行分析，构建武器装备体系的知识图谱及指标体系；然后构建深度学习评估模型，对深度学习评估模型进行优化，验证深度学习评估模型的性能；同时，研究数据获取技术，提出仿真实验的设计流程，针对仿真数据研究数据处理的有效方法；再利用处理后的数据训练深度学习评估模型，使模型能够准确评估体系效能；在深度学习评估模型的基础上，实现对武器装备体系参数的灵敏度分析；最后在典型军事背景下提出典型案例，验证整个流程的先进性和可行性。

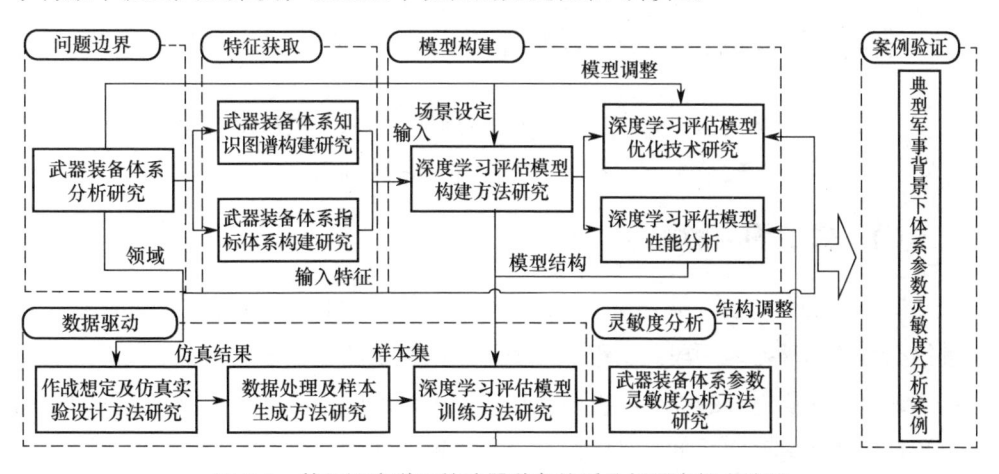

图 2-1 基于深度学习的武器装备体系分析研究技术路线

第 3 章

基于知识图谱的武器装备体系效能评估方法

本章主要对基于知识图谱的武器装备体系效能评估指标体系构建进行研究。首先介绍知识图谱的概念，基于仿真数据实现知识抽取，研究武器装备体系知识图谱的构建技术，建立面向武器装备体系的知识图谱；在此基础上，将面向武器装备体系的知识图谱作为先验信息，基于指标体系的构建原则与流程，从中抽取并构建武器装备体系效能评估指标体系；然后研究指标数据的获取及处理技术；最后通过陆空联合打击体系案例，验证指标体系构建流程的可行性。

3.1 基于仿真数据的知识图谱

本节主要介绍基于仿真数据，依托知识图谱，开展仿真数据的知识图谱构建和基于知识图谱实体识别技术的武器装备效能评估指标抽取工作。

3.1.1 知识图谱的概念

知识图谱最早是由谷歌公司于 2012 年提出的，指的是以图模型的方式来对知识进行描绘的一种技术手段。这里的知识不是狭义上的学术知识，而是世界上的任何物质，以及物质之间的关系。也可以将知识图谱理解为由若干个带有属性的实体节点及其之间的关系组成的网络图模型，其表现形式类似复杂网络图，由若干个节点和边组成，节点表示实体，边表示关系。

知识图谱根据知识的来源可以分为通用知识图谱与领域知识图谱。通用知识图谱的知识来源是互联网，知识来源广泛、涵盖面广，在构建过程中一般采用自下而上的方式，通过知识标注、知识建模等流程构建通用知识图谱；领域知识图谱中包含的知识通常来自交通、军事、医学等专业的领域，强调知识的准确性，在构建过程中通常采用自上而下的方式，顶层通常是某领域的专业术语，然后对其进行逐层分解，要求结构规整、内容准确，设计好知识图谱的结构以后，再将对应的实体填入。因此，通常都选择构建领域知识图谱，用以表征某专业领域的知识关系结构。

在领域知识图谱的构建过程中，所谓自上而下的构建方法即首先对该专业领域的知识本体进行构建，将概念层的结构做尽可能详尽的描述，在此基础上将具体实例中的实体和数据放到构建好的结构中，从而完成构建。因此，知识本体的构建最为重要，后续知识图谱结构设计、具体知识引入都是在本体的基础上进行的，直接决定了最后构建的知识图谱能否准确反映出该领域的知识结构、知识属性及实体关系。

人工智能的发展历经三个重要阶段，分别是计算智能、感知智能、认知智能。认知智能是人工智能的最高演变形态，其目的是使机器掌握与人类相同的语言理解、逻辑认知和知识推理能力。实现掌握和理解知识的能力需要基于数据驱动的知识分析和可视化，知识图谱（Knowledge Graph，KG）提供了基于图模型的知识管理和知识分析的视角。知识图谱本质是结构化的语义知识库，表现形式如复杂网络图，用以表述现实物理世界中的概念及其相互关系。知识图谱较早起源于1998年提出的语义网（Semantic Web），2006年，链接数据（Linked Data）的产生进一步推动了语义网技术的成熟，也为知识图谱的诞生奠定了基础。2012年，谷歌公司正式提出知识图谱的概念，主要应用于搜索引擎和人机交互。此后，知识图谱开始在专家系统、知识库领域大放异彩，目前已成为人工智能的前沿领域之一。完整的知识图谱是由若干节点与边构成的，其中最基本的单元是三元组，三元组由实体和关系构成，形式如<头实体,关系,尾实体>。在图模型中，附有属性的实体被表示为节点，两个节点间的某种语义关系（包含、动作等）被表示为有向边。知识图谱的常规构建流程：一是知识抽取；二是知识融合；三是知识表示；四是知识存储，最后将构建好的知识图谱以图的形式进行可视化。相较于传统知识库，知识图谱能够表达和挖掘实体之间的复杂网络关系，能够对知识进行团簇分析，基于一定的推理能力为人工智能的可解释性提供了有效途径。

根据知识图谱涵盖内容与使用对象的不同，可分为通用知识图谱和行业知识图谱。相较于前者，后者是针对某一特定领域，服务于相关从业人员，基于垂直领域数据打造的行业知识库，更强调知识的深度。军事领域知识图谱产生的需求来自军事系统的数据困境，军事数据的来源涵盖专用数据库、作战文书、情报文书、演习记录等，因此产生了军事数据来源广泛、数据格式不一、数据量大、数据价值有待挖掘等难题。与此同时，未来军队作战逐渐从传统作战体系演变为多军种、多态势的联合作战模式，作战、指挥、后勤、武器装备等平台也显现出打破信息网络交流壁垒、数据集成统一、数据挖掘分析与可视化的智能需求。军事知识图谱从图数据库的视角解决军事系统多源异构数据问题，相较于传统关系型数据库，图数据库的存取能力更强，尤其是针对文本类的半结构化军事数据，并且能够有效表征它们之间的关联性。在数据库设计和开发方面，图数据模型设计具有伸缩性，因此知识图谱对需求变化反应的适应性更强。此外，可以使用嵌入式、分布式、服务器模式使用数据库。在可视化方面，图的形式更加直观地反映军事系统的组成与应用场景。

已有学者在军事知识图谱领域做出研究工作，军事知识图谱设计和构建方面包括构建流程综述、军事知识图谱构建思路、基于军事信息系统设计。应用方面包括作战知识表示、战场目标识别与推理、信息决策系统。

3.1.2 基于仿真数据的知识图谱构建

本小节的主要内容是关于仿真数据的知识存储和可视化方案。关于知识图谱的存储方案，早期基于 E-R 关系模型及关系数据库。之后，知识库资源描述框架（Resource Description Framework，RDF）的三元组通过 XML、JSON、ttl 等格式存储，但带来数据访问异常、数据格式不一致、查询困难、效率低下等诸多问题。图数据库模型以属性图模型（Property Graph Model，PGM）为基础，其顶点和边都包含键值对组成的属性，因而与知识图谱天然适配。图数据库的产生，极大地促进了知识图谱存储技术的发展。

现阶段主流的图数据库有 Neo4J、Microsoft Azure Cosmos DB、Virtuoso、ArangoDB、OrientDB等，选用现阶段最为流行的 Neo4J 图数据库作为仿真数据存储手段。Neo4J 是一个基于 Java 语言的非关系型原生图数据库，提供了完整的 ACID 事物支持，在图的索引和可视化方面具备优势，采用 Cypher 声明式查询语句（类似 SQL），能够实现增、删、改、查的直观操作方式。

仿真数据基于仿真实验，主要的仿真数据形式包括反舰导弹数量、战斗机数量、战舰数量、战舰携带导弹数量等，数据格式为数值型。下面依托图数据库 Neo4J，对某作战单元的仿真数据进行数据存储和可视化。图数据库平台为 Neo4J Desktop 4.4.5 版本及 Python 端操作 Neo4J 的工具 py2neo。

连接 Neo4J，从 py2neo 导入 Graph，用以操作图。"bolt://localhost:7687"是 Neo4J 指定的端口，可在本地访问，auth 指明该数据库的用户名和密码，graph.run()用以测试连接是否成功（见代码 1）。连接成功后，即可开始创建知识图中的节点和关系。导入 Node 和 Relationship，分别是执行与节点和边相关的操作。首先，声明 1 个图对象 zz，然后声明起始节点 a 和终止节点 b，name 和"携带导弹数"是节点的属性，并且声明两者之间的关系 ab。用 merge 语句创建 ab，primary_label 和 primary_key 分别表示终止节点的标签和属性名，并且提交该创建事务（commit）。最后，通过 exists 语句查找 ab 关系是否存在，返回 True 或 False（见代码 2）。通过代码 2 创建的三元组如图 3-1 所示。

代码 1　Python 连接 Neo4J

```
from py2neo import Graph
graph = Graph("bolt://localhost:7687", auth=("neo4j", "********"))
graph.run("UNWIND range(1, 3) AS n RETURN n, n * n as n_sq")
```

代码 2　创建节点和关系

```
from py2neo import Node, Relationship
zz = graph.begin()
a = Node("作战群", name="作战单元 1")
b = Node("1 型战舰数量", name="2", 携带导弹数='8')
ab = Relationship(a, "拥有 1 型战舰数量", b)
zz.merge(ab,primary_label='1 型战舰数量', primary_key='name')
zz.commit()
graph.exists(ab)
```

图 3-1　代码 2 创建的三元组

其余涉及查询、删除、图统计的基本操作在代码 3 中列出，包括根据节点 ID、名称查询，节点、关系删除，图形节点数统计等。通过代码 2、代码 3 的方式可以绘制某作战单元的作战配置，如图 3-2 所示。

代码 3　查询、删除、图统计操作

```
graph.nodes                #根据节点 ID 查询
graph.nodes.match("作战群", name="作战单元 1").first()    #根据名称查询
len(graph.nodes)           #统计图形节点数
graph.delete(a)            #删除节点
graph.delete(ab)           #删除关系
graph.delete_all()         #删除所有
```

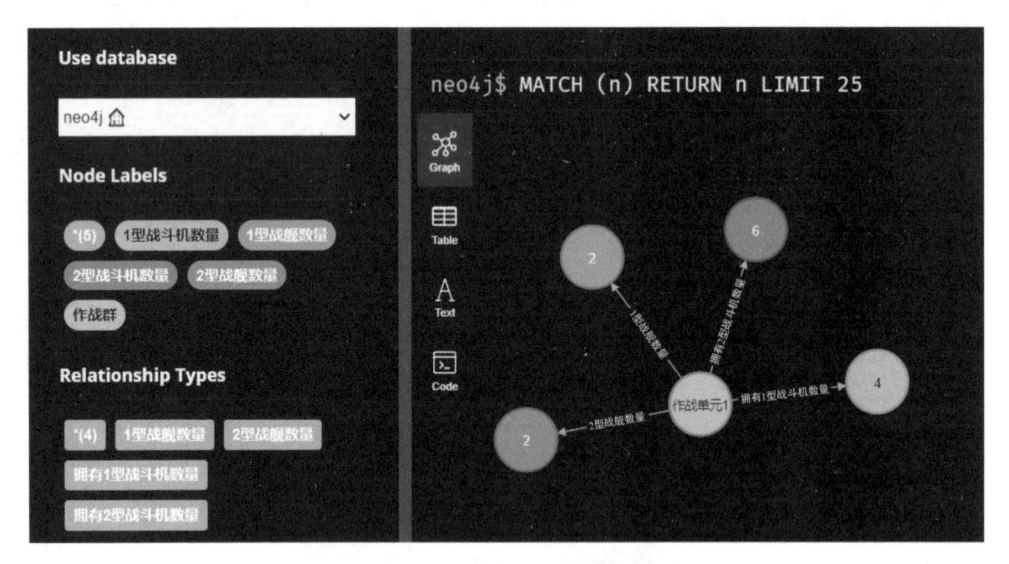

图 3-2　某作战单元的作战配置

3.2　效能评估指标体系

本节研究评估指标体系概念，归纳概括构建体系作战效能评估指标体系需要遵循的原则及技术流程，通过知识图谱技术实现武器装备体系作战效能评估指标体系的抽取构建。

3.2.1　体系作战效能评估指标体系的概念

在进行体系评估时，通过对体系的分析研究选取了若干不同的体系指标，将这些评估指标按照不同层级关系、类型及关联性有机结合，就形成了评估指标体系。在开展武器装备体系效能评估时，首先需要进行的必要阶段就是构建效能评估指标体系。

体系作战效能评估指标体系实际上是在开展体系作战效能时，对体系进行分析

后选取了若干相互关联指标构成的整体,它规定了在开展效能评估工作时的目标方向,是体系作战效能的分解和具体化内容,是效能评估的实质内容。指标体系中包含装备战技指标、作战环境、指挥决策体系等相关内容,是一个综合所有能够描述效能指标体系的整体。

当考虑效能度量指标时,一般不会只考虑一个指标,通常会选择多个指标对体系的作战效能进行度量。因为在进行效能评估这项工作时,难以使指标体系中每个指标都能取得最好的评价效果,所以需要对多个指标进行综合评估,从整体出发,选择的评估方案对个别指标可能不是最优评估方案,但是对体系整体评估可能是最好的。体系中效能度量指标的不同导致了在选择评估方案时的不同倾向,这也是研究效能评估方法的意义所在,即综合考虑体系因素,评估整体的作战效能,为开展科学决策奠定基础。

在根据作战体系结构、作战单元资料等数据建立评估指标体系时,要求构建的体系层次分明、主次有别,一般要求自上而下形成总分结构。在指标体系的顶层通常是评估工作的总目标,即作战效能或作战能力等,是对体系的整体性能进行描述的指标,通常难以直接测算其值,也无法直接从体系的原始数据中得到。因此,需要自上而下将顶层指标进行分解,并逐层分解,直到每个指标已经足够具体、详细,能够从装备战技指标、作战环境等作战体系数据中直接得到为止。在评估指标体系中,下层的指标作为上层指标测算基础,能够通过某些方法得到上层指标的值,直到计算出顶层的总目标为止。因此,与上层指标相比,下层指标更容易测算,在选取指标构建指标体系时也需要考虑这些因素,尽量使得指标便于计算,同时减少冗余。

3.2.2 指标体系构建原则

指标体系是反映体系关键要素的指标集合,从结构上看,指标体系具有层次分明、逐层分解的特点。根据作战体系的特征,指标体系也具备一些内在特性。下面对指标体系的特性进行归纳总结。

第一,指标体系具有随机性。作战体系具有不确定性的特点是由作战过程中的作战环境、作战任务的不确定性引起的。作战体系的不确定性导致指标体系具有随机性。这里的随机性指的是指标体系并不是固定的,需要根据具体体系来进行具体构建,如在描述某海战体系时,海况、风力、舰船排水量等是必要的考虑因素,但这些指标应用于陆战体系时就不再适用了。而且同一体系也需要根据所处环境、战场态势等因素综合设计指标体系。

第二，指标体系具有多尺度的特性。体系作战效能的度量可以选择多种尺度，不同尺度对应不同的作战目标或指挥决策者的不同判断。也就是说，指标体系可以根据不同的作战目的设计不同的效能评估指标，从而反映作战体系具备的不同能力。例如，在进行某无人机侦察探测效能评估时，评估昼夜间的侦察探测效能有所不同，这就是从不同尺度进行效能评估的体现。

第三，指标体系中的指标具有不确定性。在构建指标体系时，由于作战任务、作战环境、指挥员经验等因素无法用准确的值进行度量，因此使得这类指标具有不确定性。对于这类指标，将其当作定性指标处理，通常采用不确定性语言对其进行描述，以实现将定性指标转化为定量指标的目的。

第四，指标体系具有局限性。构建的指标体系不可能包含所有体系的要素，只能在经过体系分析后，尽可能综合考虑整体体系，选取有代表性的指标纳入整体。而且在考虑不同的作战效能时，指标体系也是不同的，所以要认识到其局限性，根据不同的评估目的灵活构建指标体系。

以上是指标体系的特性及分析，据此可以得出在构建效能评估指标体系时需要遵循的原则，包括以下几点。

一是系统性，要求构建的指标体系能够系统全面地体现作战体系的完整情况，既能反映体系的作战效能，也能反映作战效能的影响因素。

二是简明性，使构建的指标体系尽可能简明清晰，在选取指标时，避免选择重复或意义相近的指标，避免指标体系过度冗余，重点突出关键指标，在考虑指标关联性的同时做到精简。

三是客观性，构建指标体系时需要结合待评价体系的数据资料进行综合分析，必要时咨询相关领域的专家，选择适当的指标组成体系，使得构建的指标体系具有客观权威性。

四是时效性，指标体系要根据武器装备、作战体系、指挥决策方式的发展进步情况做出调整优化，与时俱进。

五是可测性，即要求指标体系中底层指标的具体数值都能通过查阅武器装备数据资料、仪器测量、公式计算等方式得到，易于收集，以便于不断向上迭代计算，直到计算出顶层指标为止。

六是完备性，针对某作战效能进行指标体系构建时，尽可能将影响该效能的指标纳入指标体系，以便于完整地分析效能的影响因素。

七是独立性，独立性指的是在同层次指标中，各个指标是独立的，代表不同的体系要素，不具备包含或交叉关系。

八是一致性，对于某体系作战效能评估指标体系，其中包含的所有指标都必须与体系及效能相关，一致为效能评估这项工作服务，指标与指标之间不是相互对立的。

以上是在构建指标体系时需要遵循的八项原则，同时构建指标体系还需要满足以下要求。

第一，选择或设计的指标必须是与待评估体系紧密关联的，涵盖体系的方方面面，综合反映体系的整体情况。

第二，尽可能使指标体系中包含的指标都易于测算，体系中的指标应该以定量指标为主，并将定性指标做定量化处理。

第三，同层的指标间避免相互包含、相互重叠，避免冗余。

第四，所选择的指标要能够反映被评估体系的本质特征。

3.2.3 指标体系构建流程

根据以上对指标体系特性、遵循的选择、满足的要求，以作战体系中单项作战单元的能力或者体系在特定环境下完成某任务目标的能力为研究目标，通过对体系的分析，构建顶层效能度量指标，进行自上而下的逐层分解，实现完整指标体系的构建。

构建指标体系并不简单，并且复杂性与其大小有关，指标体系越复杂覆盖面越广，构建过程就会越复杂。而根据构建原则、要求，构建出的指标体系需要尽可能全面地反映体系的整体情况，并且具有权威性，能够被相关领域的研究人员所认同。因此，在构建指标体系之前必须在对其进行详细研究后，首先给出初稿方案，然后通过查阅更多相关文献资料、咨询相关专家意见等方式，对指标体系进行进一步的修改和优化，经过反复修改确认，最后确定指标体系，完成构建。

一般来说，指标体系构建的总体思路遵循"具体—抽象—具体"的过程，其构建是一个反复深入的过程。构建指标体系的流程如图 3-3 所示。

1. 体系作战效能评估分析

在开展效能评估工作时，首先要进行的就是指标体系构建，而指标体系构建的首要工作就是对体系进行研究分析。通过对体系数据资料做详细的分析，充分利用数据，确定作战体系的评估目标，建立效能评估指标体系的目标层。这里的目标是指开展评估工作的目的，如确定是进行体系的打击能力评价，还是对体系的侦察探测能力进行评价。确立好目标后，围绕体系评估的目标展开分析，研究影响该目标的因素，厘清各种因素之间的关系，确定将哪些因素纳入考虑范围。在此基础上，分析这些因素的特点，确定与之相关联的指标，分析指标的属性特征，为后续的指标体系构建、指标数值测算做好铺垫。指标的属性特征指的是指标是静态的还是动态的，是定性指标还是定量指标。静态指标和动态指标的区别在于是否会随作战环境、时间的变化而发生改变。定性指标是指只能通过语言对其进行描述，不能用数据对其进行精确描述的量；定量指标是指能够通过分析、计算得到精确数值的量。

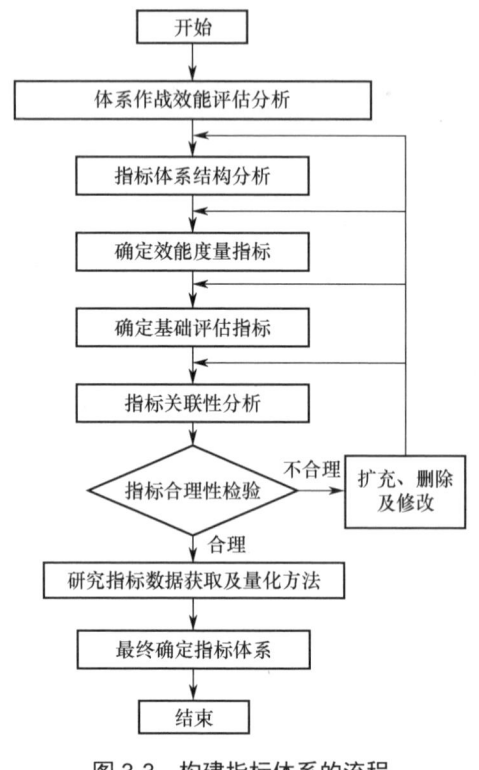

图 3-3　构建指标体系的流程

2. 指标体系结构分析

指标体系有两种常见的结构：第一种是层次型结构形式的指标体系，根据体系评估目标，通常将指标体系自上而下划分为目标层、功能层、逻辑层等；第二种是网络型结构形式的指标体系，其表现形式类似于复杂网络中的逻辑图，在体系目标层难以分解时会采用或部分采用这种形式。

3. 确定度量体系效能指标

确定度量体系效能的具体指标，选取一个值或多个值作为体系效能的度量值。

武器装备体系的作战效能通常是指武器装备体系在特定条件（包括外在作战环境、体系内包含的武器装备）下完成指定作战任务或实现作战目标的能力。一般情况下，武器装备体系具备侦察能力、打击能力、指控能力、生存能力及电子对抗能力等五种，或者具备这五种能力中的某几种。这五种能力的解释如下。侦察能力：武器装备体系在体系对抗过程中对蓝方作战单元的侦察探测、识别跟踪能力，通常与体系中雷达侦察探测距离、识别时间等因素有关；打击能力：武器装备体系具备的摧毁蓝方作战单元或地面设施的能力，通常与体系中导弹、战斗机等作战单元有关；指控能力：武器装备体系的指控能力通过在交战过程中的信息传输速度、信息处理速度等因素来体现；生存能力：武器装备体系在对抗过程中保留自身作战性能的能力，包括机动能力、抗毁能力、战场适应能力等多个方面；电子对抗能力：现代战争中越来越重要的作战能力，是现代武器装备体系必须具备的作战能力，包括电子干扰能力、电子抗毁能力等，它主要与体系的信息技术发展水平有关。一般情况下，将这几种作战能力或者其中的某几种进行有机结合，就能得到体系效能的度量指标。

4. 确定基础评估指标

基础评估指标，即影响体系作战效能的全部因素，通常包括武器装备体系中各式作战单元的具体数量及武器弹药配备数量，各式武器装备的战技指标，指挥员的指挥决策水平，各式武器装备的部署情况，影响武器装备作战能力的气象环境因素等。

5. 指标关联性分析

指标关联性分析，即分析各基础评估指标之间的关联性。各基础评估指标之间或多或少都存在一定的关联性，例如，在气象环境类指标中，气温这一因素通常与其他如风、雨、云等因素相关。对指标的关联性进行分析，分析各独立指标之间存在的相互影响关系，能够得到各指标在评估中的重要程度。

6. 指标合理性检验

初步构建好指标体系后，需要对指标合理性进行检验。通常可以通过咨询相关专家对不合理指标进行排除，或者对指标体系进行扩充。在进行指标合理性检验时，还需要考虑指标是否易于定量或定性描述，将难以描述的指标进行剔除。

7. 研究指标数据获取及量化方法

指标体系构建完成后，对效能指标及基础评估指标，均进行定量或定性描述。

对于定量指标，可以直接获得其具体数值作为指标值；对于定性指标，通常采用不确定性语言进行描述，如对某体系的打击能力，利用不确定性语言将其描述为强、中、弱。

一般来说，通过以上流程可以确定一个武器装备体系的效能评估指标体系，后续的效能评估、灵敏度分析等研究均基于此指标体系进行。

3.2.4 基于知识图谱的评估指标抽取

军事文本中囊括了相当多的高价值目标关键词，如涉及军队组织编制、训练、武器装备、军事行动计划等具体信息，可以利用自然语言处理（Natural Language Processing，NLP）技术实现关键对象挖掘。命名实体识别（Named Entity Recognition，NER）是构建军事知识图谱的重要一环，也是实现军事系统信息抽取、智能问答、决策分析的基础任务，其目标是从自然语言描述的文本中识别出含有特定军事含义的命名实体。如针对表 3-1 中的军事新闻短文本，我们期望从中获取的关键信息包括时间（6月17日上午11时）、主要军事设施（福建舰）、地点（上海）、军事组织（中国海军），获得类似的关键实体对军事情报工作具有重要意义，是文本一类的非结构化数据向信息系统的结构化数据转变的必经步骤。然而，在大数据背景下，简单依靠人力重复上述工作已经无法适应现代化信息作战趋势，应建立起自动化的文本挖掘手段，提升军事信息抽取效率和精确度。

表 3-1 军事新闻短文本及目标实体

句子	6月17日上午11时，万众瞩目的003型国产航母"福建舰"在上海正式下水，这标志着中国海军的远洋作战能力再上一个台阶
目标实体	6月17日上午11时、福建舰、上海、中国海军

发展至今日，实体抽取的方法主要有基于规则的抽取方法、基于统计机器学习的方法。基于规则的抽取方法非常依赖该领域专家和语言学知识专家，实现手段是人工定义抽取规则，因而导致成本投入大、泛化能力差、可移植性差。统计机器学习的方法则是让模型学习大量样本特征，建立高效的泛化能力，主要面临识别效果受限于样本数、准确率较低的问题。随着人工智能技术的兴起，深度学习方法应用广泛，其模型在命名实体识别中的效果更佳，学习样本特征的能力更强，因而在自然语言处理领域大受欢迎。

本书基于深度学习方法对军事命名实体识别工作进行演示，以期达到生动透彻的效果。其主要包括语料收集与标注、模型构建、实体识别实验、效果评估及分析、实体提取展示 5 个步骤。

1. 语料收集与标注

出于演示的目的,军事命名实体识别的研究范围确定在武器装备的枪械领域,主要针对枪械装备(手枪、冲锋枪、自动步枪、轻机枪、重机枪)的评估指标名词进行抽取。通过收集开源网站的文本数据,集成文档后,统一进行语料标注。语料标注是指序列标注,在序列的每个元素打上标注,从而实现模式识别任务。对命名实体识别任务而言,就是为每个词打上标注,标注为该实体对应的实体类型。标注样式包括 IO、BIO、BIEO、BIESO,下面分别叙述各标注样式的区别。通常为方便标注,实体类型用大写英文缩写,如 PER(人物)、LOC(地点)、ORG(组织)等,为便于理解,实体类型简称为"X"。

(1)IO。"I-X"表示该元素为实体或实体一部分,"O"为非实体。

(2)BIO。"B-X"表示该元素位于实体的首位,"I-X"表示该元素位于实体除首位外的其他位置,"O"为非实体。

(3)BIEO。"B-X"表示该元素位于实体的首位,"E-X"表示该元素位于实体的末位,"I-X"表示该元素位于实体除首位和末位外的其他位置,"O"为非实体。

(4)BIESO。"B-X"表示该元素位于实体的首位,"E-X"表示该元素位于实体的末位,"I-X"表示该元素位于实体除首位和末位外的其他位置。"S-X"用以单独标识某个自成实体的元素,"O"为非实体。

利用上述 4 种样式对某段文本进行语料标注,说明其区别。标注示例见表 3-2,"LEN"表示枪械的全枪长度。在进行语料标注时,选择 BIO 作为标注样式,与 IO 相比,BIO 可以使用"B-X"标识出起始位置。相较于 BIEO 和 BIESO,BIO 无须标注结束位置和单独的实体,可减轻标注的工作量和烦琐程度。在具体的操作过程中,每个字符单独成列,字符的标签在字符后,两者通过空白符隔开。句子之间以空白行加以分隔。

表 3-2 标注示例

句子	IO	BIO	BIEO	BIESO
自	O	O	O	O
动	O	O	O	O
手	O	O	O	O
枪	O	O	O	O
全	I-LEN	B-LEN	B-LEN	B-LEN
枪	I-LEN	I-LEN	I-LEN	I-LEN

（续表）

句子	IO	BIO	BIEO	BIESO
长	I-LEN	I-LEN	E-LEN	E-LEN
221	O	O	O	O
m	O	O	O	O
m	O	O	O	O

2. 模型构建

深度学习在序列预测问题上有很好的应用效果，能够从大量特征中学习到样本规律，常见的深度学习模型有卷积神经网络（Convolutional Neural Network，CNN）、深度神经网络（Deep Neural Networks，DNN）、递归神经网络（Recurrent Neural Network，RNN）等。同时，在命名实体识别任务上，词嵌入模型及变体不断改进。例如，为解决静态词向量预训练 Word2vec 词义表征不足的情况，谷歌公司提出变换器网络解决一词多义、语义嵌套等问题。之后，基于变换器的双向文本特征提取器（Bidirectional Encoder Representation from Transformers，BERT）模型被提出，并在实体识别问题上取得最佳效果。基于深度学习的命名实体识别模型在人工智能的各项领域得到大量发展和应用，已成为最主流的方法之一。目前，常用的模型为 BERT-BiLSTM-CRF 模型，它主要由两个模型拼接而来，包括预训练模型（BERT）和基准模型（BiLSTM-CRF）。

（1）BERT 模型

BERT 模型的主要作用是将句子的单个词转换为词向量，提升基准模型的效果。首先将文本切分为词元序列，通过映射转换为词的 ID，更普遍的做法是进一步将 ID 转换为词向量，以便输出给下游模型，这个过程称为词嵌入。BERT 模型的结构如图 3-4 所示，字向量用于对字符本身编码，文本向量可以区分不同的上下句，位置向量用于实现不同位置的语义理解，也是大规模训练的基础。BERT 词嵌入利用了遮盖词的思想。在生成训练样本时序列中 15%的子词会被随机遮盖，遮盖的方法有替换为固定标识符、保持原词及随机替换为其他词，生成词向量后输入到 BERT 中提取特征。具体训练时基于上下文关系仅预测被遮盖的字符。在 BERT 词典中，增加了特殊标识符：[CLS]是句首标识；[SEP]是分隔符，用于分隔两个独立句子；[UNK]为未知标识符；[MASK]为遮盖标识符，在随机遮盖策略的 15%序列中有 80%的概率被[MASK]遮盖，另有 10%的概率替换为文本序列中的某个字，10%的概率不做任何改动。

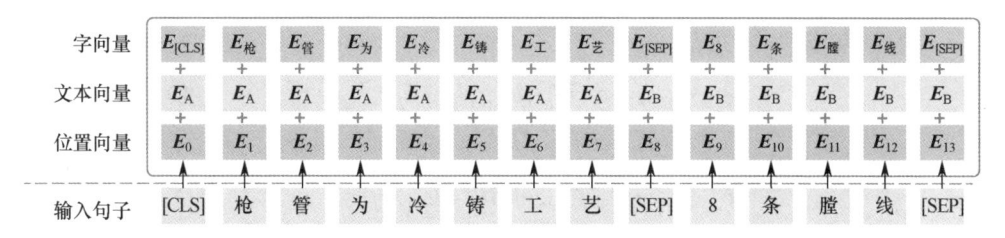

第 3 章　基于知识图谱的武器装备体系效能评估方法

图 3-4　BERT 模型的结构

（2）BiLSTM-CRF 模型

BiLSTM-CRF 全称是双向长短时记忆网络-条件随机场，在实体识别中应用极为广泛，其结构如图 3-5 所示。该模型将 BERT 的输出作为输入，通过双向长短时记忆（Long Short-Term Memory，LSTM）网络层自动地从样本中学习样本特征，充分考虑上下文的依赖关系，因此解决了长距离序列依赖的问题，避免了繁重的特征工程，并且经由 CRF 模型计算全局概率信息，实现对输出标签解码的最优化。

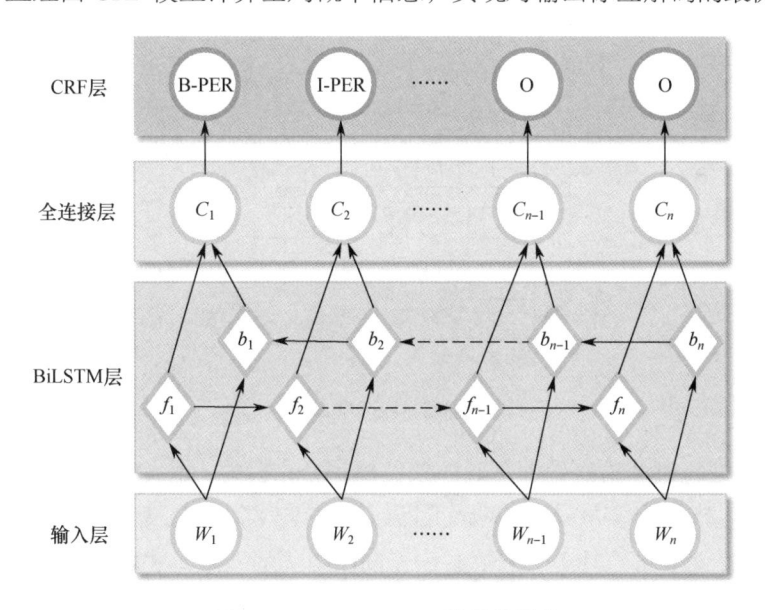

图 3-5　BiLSTM-CRF 模型的结构

其中，BiLSTM 采用 LSTM 记忆网络，善于发现字符间关联关系，捕捉语料长远上下文序列信息，具备神经网络拟合非线性的能力，运用门控单元实现长期记忆，解决了递归神经网络训练时的梯度消失或梯度爆发问题。LSTM 通过输入门、输出门和遗忘门来控制单元状态，其结构如图 3-6 所示。输入门接收当前时刻的保存信息，输出门控制着从当前状态到 LSTM 输出的过程，遗忘门则决定单元状态中能够

从 $t-1$ 时刻保留到 t 时刻的信息。

$$i_t = \sigma(W_i \cdot [h_{t-1}, x_t] + b_i) \quad (3\text{-}1)$$

$$f_t = \sigma(W_f \cdot [h_{t-1}, x_t] + b_f) \quad (3\text{-}2)$$

$$c_t = f_t \cdot c_{t-1} + i_t \cdot \tanh(W_c \cdot [h_{t-1}, x_t] + b_c) \quad (3\text{-}3)$$

$$o_t = \sigma(W_o \cdot [h_{t-1}, x_t] + b_o) \quad (3\text{-}4)$$

$$h_t = o_t \cdot \tanh(c_t) \quad (3\text{-}5)$$

式中，W_i、W_f、W_c 分别是输入门、遗忘门、输出门的权重矩阵；b_i、b_f、b_c 分别是其偏差项。以 $t-1$ 时刻的输出 h_{t-1} 和当前输入 x_t 分别得到当前的输入值及遗忘门的值，进而根据 $t-1$ 时刻单元状态 c_{t-1} 和当前输入值获得 t 时刻单元状态 c_t，实现当前记忆和长期记忆的结合，即长时间的序列关系。c_t 经由 tanh 函数变换后，与输出门的值相乘得到的 t 时刻输出 h_t。

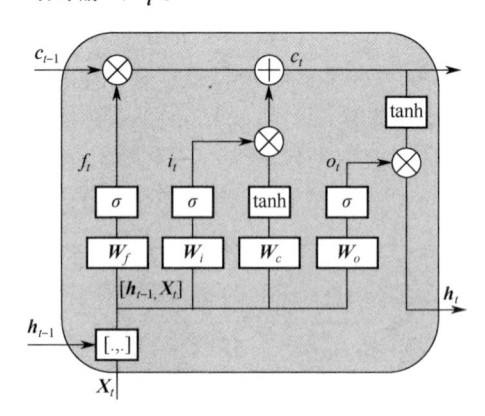

图 3-6 LSTM 单元

CRF 模型是自然语言处理基础的条件概率分布模型，定义为在输入随机变量给定的情况下，求输出变量分布的概率问题。设 X 与 Y 是随机变量，$P(Y|X)$ 是在 X 条件下 Y 的条件分布。其中，若 Y 是由无向图组成的马尔可夫随机场，则称对应的 $P(Y|X)$ 为条件随机场。"条件"的基本特点是基于观测序列 X，求状态序列 Y 的概率。CRF 优势在于学习状态之间的隐含条件，更加考虑句子的局部特征，通过临近标签获得最优序列，能够弥补 BiLSTM 的不足。如果一个句子 x 的标注序列为 $y = (y_1, y_2, \cdots, y_n)$，则在 BiLSTM-CRF 模型下，句子 x 的标注序列 y 的得分为：

$$S(x, y) = \sum_{i=1}^{n} P_{i, y_i} + \sum_{i=1}^{n+1} Q_{y_{i-1}, y_i} \quad (3\text{-}6)$$

式中，P_{i, y_i} 是 BiLSTM 的输出得分矩阵；Q_{y_{i-1}, y_i} 是第 $i-1$ 个标签到第 i 个标签的转

移得分。得分分别由 BiLSTM 的输出和 CRF 的转移矩阵决定。式（3-7）为标注结果概率，其中 y' 为真实序列，并取对数得到似然函数求解，如式（3-8）所示。

$$P(y|x) = \frac{\exp(S(x,y))}{\sum_{y' \in YX} \exp(S(x,y'))} \quad (3\text{-}7)$$

$$\lg(P(y|x)) = S(x,y) - \lg\left(\sum_{y' \in YX} \exp(S(x,y'))\right) \quad (3\text{-}8)$$

最后，似然函数的目标是将最满意得分序列作为预测序列输出：

$$y^* = \underset{y' \in YX}{\operatorname{argmax}} \, S(x,y') \quad (3\text{-}9)$$

3. 实体识别实验

先对武器装备的实体识别类型进行汇总。此次语料共 354 条句子，标注有 681 个实体，按照 8∶2 的比例互斥地分为训练集和测试集。表 3-3 中是不同实体类型的标注样式及实体示例。

表 3-3 不同实体类型的标注样式及实体示例

实体类型	标注样式	定义	实体
尺寸参数	B-SIZE、I-SIZE	枪械的外形参数	全枪长、枪管长等
结构参数	B-CON、I-CON	枪械的结构参数	扳机力、容弹量等
射击参数	B-USE、I-USE	枪械的使用参数	射速、有效射程等
性能参数	B-ABI、I-ABI	枪械的性能参数	机动性、击破率等
保险方式	B-INS、I-INS	枪械的保险方式名称	手动保险、跌落保险等

命名实体识别的训练基于 Python 3.7 实验环境，借助了深度学习框架 TensorFlow 2.2.0 和 Keras 2.3.1，其参数见表 3-4。BERT 预训练模型基于哈工大讯飞实验室发布的中文 BERT 模型（chinese_wwm_ext_L-12_H-768_A-12）。

表 3-4 实体识别参数

模型参数	值
训练	15
批量大小	16
隐藏层维度	128
激活函数	softmax
随机失活率	0.4
词向量维度	300
序列长度	100

4. 效果评估及分析

命名实体识别效果主要通过消息理解会议（MUC 会议）规范评测体系，分别是精确率 P（Precision）、召回率 R（Recall）和 F_1 值（F-measure）。式（3-10）至（3-12）中 TP、FP、FN 分别为真正例、假正例、假反例。精确率是真正例占判定正例的比率，召回率是正确判定正例占所有正例的比率，F_1 是基于精确率和召回率调和平均值的综合性能考量。

$$P = \frac{TP}{TP + FP} \quad (3\text{-}10)$$

$$R = \frac{TP}{TP + FN} \quad (3\text{-}11)$$

$$F_1 = \frac{2*P*R}{P + R} \quad (3\text{-}12)$$

表 3-5 为各模型测试结果。综合看来，BERT-BiLSTM-CRF 的识别效果最佳，F_1 为 0.8699，综合模型性能最好。另外，具备 BERT 预训练的实体识别模型比不具备预训练的模型 P、R、F_1 均有较大提升，这证明了 BERT 在小样本数据集上语义理解的优越性能。从图 3-7 中也可以看出，进行了预训练的模型经过前几轮迭代即可有较大提升，而不具备预训练的模型上升显得缓慢。

表 3-5　各模型测试结果

预训练模型	模型	P	R	F_1
无	BiLSTM	0.7489	0.8606	0.7999
	BiLSTM-CRF	0.7355	0.8317	0.7774
BERT	BiLSTM	0.8066	0.9327	0.8644
	BiLSTM-CRF	**0.8331**	**0.9135**	**0.8699**

注：粗体为最优模型结果。

5. 实体抽取展示

下面通过一个具体的句子，展示基于实体识别模型的自动抽取过程，选取的模型是 BERT-BiLSTM-CRF。从表 3-6 中可以看出，对文本句子进行识别，能够有效识别出"自动方式""闭锁方式"等实体，并对它们所属的标签正确分类，从而实现了武器装备涉及指标的抽取，满足武器装备系统的信息抽取需求。

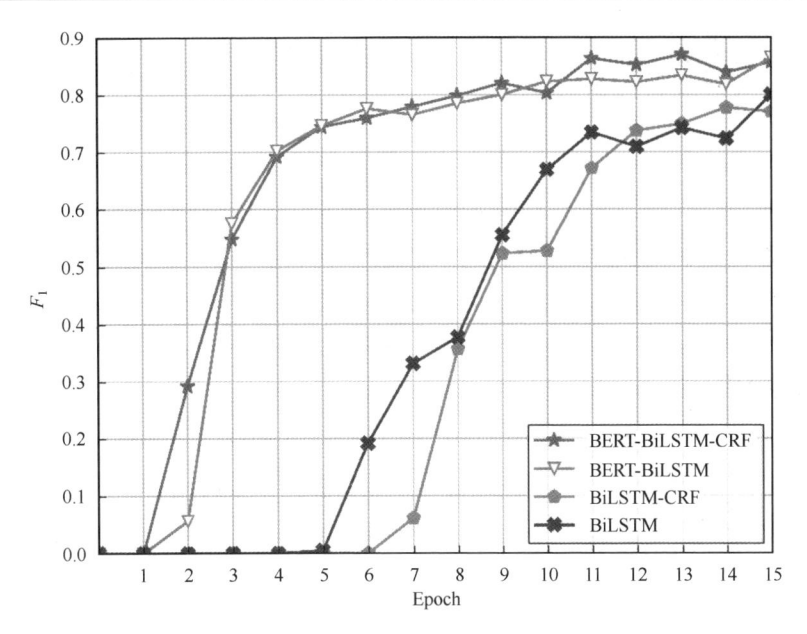

图 3-7　各模型随训练轮数的变化趋势

表 3-6　武器装备实体识别测试示例

输入待识别句子	该枪采用导气式自动方式,枪机回转式闭锁方式,10 发弹匣供弹,有效射程 500m
模式识别	[{'tokenized': ['该', '枪', '采', '用', '导', '气', '式', '自', '动', '方', '式', ',', '枪', '机', '回', '转', '式', '闭', '锁', '方', '式', ',', '1', '0', '发', '弹', '匣', '供', '弹', ',', '有', '效', '射', '程', '5', '0', '0', 'm'], 'labels': [{'entity': 'CON', 'start': 7, 'end': 10, 'value': '自动方式'}, {'entity': 'CON', 'start': 17, 'end': 20, 'value': '闭锁方式'}, {'entity': 'CON', 'start': 25, 'end': 28, 'value': '弹匣供弹'}, {'entity': 'USE', 'start': 30, 'end': 33, 'value': '有效射程'}]}]
提取实体及实体类型	自动方式　　实体类型为 CON（结构参数） 闭锁方式　　实体类型为 CON（结构参数） 弹匣供弹　　实体类型为 CON（结构参数） 有效射程　　实体类型为 USE（射击参数）

3.3　指标数据处理技术

本节基于构建的指标体系,对指标数据的处理技术进行研究。

3.3.1　数据预处理

1. 效能度量值预处理

得到仿真原始数据后,还不能从数据中直接得到体系效能指标,需要对原始数据进行分析处理。例如，对于打击能力，原始数据中通常仅存在目标舰艇的损毁数，采用咨询相关专家的方法，利用以下公式计算体系的打击能力。

$$E_4 = \frac{N}{N_0} \tag{3-13}$$

式中，E_4 表示体系的打击能力；N 表示目标舰艇的损毁数量；N_0 表示目标舰艇的初始数量。

类似地，通过咨询专家，得到其他作战效能指标的计算方法。经过计算后将其作为深度学习模型的输出。

2. 基础评估指标预处理

获得仿真数据后，基础指标中存在一些不能被深度学习模型直接读取的数据，包括文字类指标（如武器装备类型、名称等）及定性指标，对这部分数据进行预处理后，才能够进行后续处理，进一步推进研究。

（1）文字类指标

对于文字类指标，通常采用特征编码的方式对其进行处理。例如，只区分武器装备大类（飞机、舰船、战车等），将"飞机"编码为 1、"舰船"编码为 2、"战车"编码为 3。经过这种处理后，文字类指标就变成了易于机器处理的数值类指标。值得注意的是，处理文字型特征时，需要注意特征的各个类别之间的关系，选择合适的编码方式。例如，飞机和舰船是完全不相关的两类作战单元，简单地将其编码为 1 和 2 是不合理的，在考虑编码时可以加入一些限制，使得编码后的数据与原始数据具有相同的属性。

（2）定性指标

在仿真原始数据中，存在一些定性化的指标，如体系中指挥员的指挥能力，通常用一般、较好、良好、优秀来描述。计算机对这类指标是难以直接用于评估的，因此需要对其进行处理。定性指标的处理办法通常是，区间划分及专家打分。例如，对指挥能力的四个层级，分别对应区间[0,0.25)、[0.25,0.5)、[0.5,0.75)、[0.75,1]，然后通过咨询相关专家对指挥能力进行进一步评价，取得区间内的某一具体数值。

通过这样的处理后，所有数据都变成了计算机易于识别的数值类数据，后续再对这些数值类数据进行归一化、标准化处理，就形成了深度学习的输入样本。

3.3.2 输入端样本数据处理

获得仿真数据后，并不是所有的数据都可以用于后续深度学习模型进行体系灵敏度评估，仿真原始数据具有多源异构性，因此需要对所获取的数据进行数据处理。数据处理是进行深度学习前的重要步骤，能够更加有效地利用数据，发掘数据的作用，为后续的深度学习模型训练奠定基础，节省时间。数据处理一般分为五个步骤，即数据清理，数据集成和融合、数据变换、数据规约及样本生成，如图 3-8 所示。

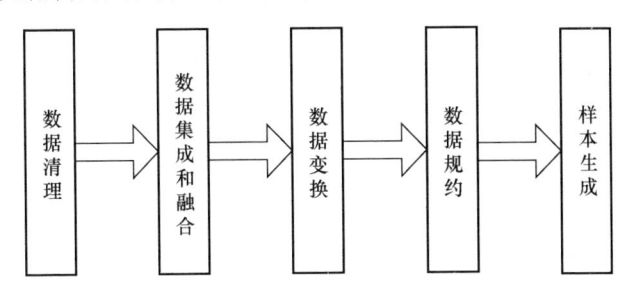

图 3-8　数据处理步骤

数据清理主要是针对噪声数据应用数据平滑技术，针对错误数据进行分析、更改、删除或忽略，针对缺失数据进行填充替代，针对冗余数据进行分析、删除或保留。数据集成是指当原始数据具有不同的数据源时，通过一定的方法将这些数据进行整合，形成一个更大包含所有原始数据的数据库的技术过程；数据融合是指在数据集成过程中使用智能化技术，能够实现对数据进行更加可靠的判断，最后存入数据集成后的数据库中。数据变换是指在处理含有维数较高数据的数据集时，采用数学公式将其中的高维数据进行转化，使其变成低维数据，使得整个数据集在时空属性上达成一致。数据归约是指在不改变数据完整性的同时，压缩数据的存储空间，在某些企业对数据文件大小有要求时通常会进行数据规约。

1. 数据清理

数据清理作为数据处理的首要步骤，是数据处理过程中最为关键的一步，也是耗时最多的一步，其重要性在于数据清理的目的是提升数据质量，对整个数据源进行质量分析，将数据源中的错误数据、矛盾数据等剔除，以达到提升数据质量的目的，通过数据清洗可以有效提高深度学习训练的效果。

数据清理主要包括数据分析、数据检测和数据修正三个阶段，其流程如图 3-9 所示。数据分析是开展数据清理的首要工作，通过对原始数据集进行研究分析，总结数据集的一些规律，据此确立开展数据分析工作时需要遵循的规则。数据检测是根据规则对数据进行检测，找出数据源中的错误数据。最后选择合适的数据修正方法，对数据源进行补全、修正等操作。

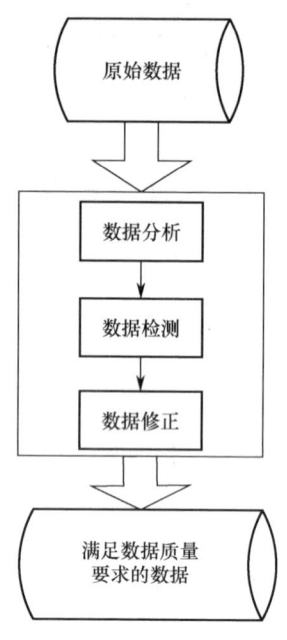

```
      ┌─────────┐
      │ 原始数据 │
      └────┬────┘
           ↓
      ┌─────────┐
      │ 数据分析 │
      └────┬────┘
           ↓
      ┌─────────┐
      │ 数据检测 │
      └────┬────┘
           ↓
      ┌─────────┐
      │ 数据修正 │
      └────┬────┘
           ↓
    ┌──────────────┐
    │ 满足数据质量  │
    │  要求的数据   │
    └──────────────┘
```

图 3-9　数据清理流程

一般来说，在获得的初始数据集中可能会出现以下待处理情况。

第一，数据集中噪声数据较多，这里的噪声不是声学上的噪声，而是指在测量某指标参数时的偏差，这些偏差会影响整体数据集的方差，偏差过大就会产生孤立点。通常处理噪声数据采用的是数据平滑技术，包括以下四种方法。一是分箱法，其核心思想是通过邻近数据的值来对噪声数据进行调整，平滑噪声数据的取值。具体操作是把噪声数据与其邻近的正常数据装入同一个"箱子"中，然后对其中的数据进行转换，将噪声数据平滑处理成"箱子"中所有数据的均值、边界值等，以达到减少偏差的目的。二是聚类法，把具有同样规律的值聚类在一起，组成数据群体，而孤立于数据群体之外的数据就是异常数据。目前，通用的聚类技术包括模糊聚类分析、粗糙集、灰色聚类分析等。三是回归法，根据数据分析中得到的数据规律，建立回归函数，通过回归函数降低噪声数据的误差，还可以使用时间序列法对噪声数据进行修复。四是人工修复方法，从数据的源头出发，找到噪声数据后，针对错误数据重做实验、重新采集数据。噪声数据中最常见的是极端数据，极端数据是指那些远远偏离正态分布的数据。为保证数据集的完整性，通常不能直接将此类数据直接删除，处理办法一般是找出这些孤立数据后，咨询相关专家，根据专家的意见对这些数据进行处理。

第二，由于实验设置、操作不当或填写错误等情况，获得的数据集中包含错误数据。对错误数据通常采用两种处理办法：一是针对错误数据重做实验、重新采集数据；二是根据数据规律或错误数据前后的数据趋势建立约束，对其进行修正。

第三，由于文档损坏或抄录错误等原因，数据集中部分数据关键要素缺失，其常见的处理方法包括四种。一是当数据的时空属性缺失时，分为三种情况：时间跨度较短的时间缺失，可以采用插值法进行处理；时间跨度较长的时间缺失，可以通过查阅历史数据的方法，找到历史数据中同时间段的数据进行补全；空间属性缺失，可以采用其邻近点的属性进行代替。值得注意的是，对进行修复后的数据需要进行备注，以备查看。二是当难以对数据的属性进行补全时，可以采用全局的平均值或默认值补全。三是总结数据属性规律，采用线性回归模拟等方法对数据属性进行补全。四是当缺少类标号时，可以采用忽略元组的方法。

第四，数据集中部分数据的属性冗余，或者反映某属性的数据过多，造成了冗余现象。对于属性冗余，可以采用数学分析的方法判断出能够反映整体数据信息的关键属性，删除其余的无用属性；对于属性数据冗余，可以根据方差、均值、极值等，确定能够代表数据属性特征的关键数据，删除其余无用的数据。

2. 数据集成和融合

数据集成是指当原始数据具有不同的数据源时，通过一定的方法将这些数据进行整合，形成一个更大包含所有原始数据的数据库的技术过程。在进行数据集成工作时，需要结合数据来源的行业情况进行分析，如当对作战数据进行处理时，就需要结合军事领域数据的特点展开处理。常见的数据集成模式包括以下三种。一是联邦数据库模式，其通过建立相同数据模式下的不同数据库，以特定的访问接口可以连接这些数据库，使之形成一个大的整体数据库，联邦数据库也是最早的数据集成技术。二是数据仓库模式，这种数据集成模式是以数据主题面向对象的，将多源异构数据进行数据清洗、修正，处理成数据结构相同的数据，存放到同一个数据仓库中，形成数据整体。三是中间件模式，在数据库和应用程序之间添加中间件，中间件能够将不同数据源的数据接收，不断扩充数据库。

数据融合是指在数据集成过程中使用智能化技术，能够实现对数据进行更加可靠的判断，最后存入数据集成后的数据库中。数据融合能够解决战场信息的复杂性，包括部分信息的不确定性、模糊性等造成的信息障碍，增强信息准确率并节约网络能力，减少由于信息不完全导致的失败。常见的数据融合方法如表3-7所示。

3. 数据变换

数据变换是指在处理含有维数较高数据的数据集时，采用数学公式将其中的高维数据进行转化，使其变成低维数据，使得整个数据集在时空属性上达成一致。常见的数据变换方法分类及作用如表3-8所示。

表3-7 常见的数据融合方法

数据融合方法	具体实现方法
静态数据融合	加权最小平方、贝叶斯估值等
动态数据融合	递归加权最小平方、卡尔曼滤波等
数理统计方法	最大似然法、贝叶斯估值等
基于信息论的方法	自适应神经网络、表决逻辑、信息熵等
基于模糊集理论的方法	灰色关联分析、灰色聚类等

表3-8 常见的数据变换方法分类及作用

数据变换方法	作用
数据平滑	去除噪声数据、增加数据粒度
数据聚集	将数据聚集汇总
数据概化	减少数据复杂度，用高层概念替换
数据规范化	通过数学公式将数据变换，不改变原始数据结构，将所有数据规范到特定的取值范围
属性构造	构造新的数据属性

通常，原始的作战数据包含的数据多样，结构、属性各异，存在数量级、量纲上的区别，若直接利用原始数据对模型进行训练，通常会导致训练速度慢、效果差的情况出现。所以，为了提高训练效果，必须先将数据进行变换处理，消除量纲量级上的区别。通常需要对数据进行规范化处理，使用数学公式将数据变换，不改变原始数据结构，将所有数据规范到特定的取值范围，转变为纯数值，能够有效提高深度学习模型的训练效果。

数据规范化方法有很多，常见的包括最小-最大规范化、零-均值规范化（Z-score规范化）、小数定标规范化三种。最小-最大规范化也称为离散标准化，是对原始数据的线性变换，将数据值映射到[0,1]之间，转换公式如下。

$$x^* = \frac{x - \min}{\max - \min} \quad (3-14)$$

零-均值规范化也称标准差标准化，经过处理的数据均值为0，标准差为1，转换公式如下。

$$x^* = \frac{x - \bar{x}}{\sigma} \quad (3-15)$$

式中，$\bar{x}$ 为原始数据的均值；σ 为原始数据的标准差。这是当前用得最多的数据标准化方式，大于均值的数据会被处理成正标准化数，小于均值的数据会被处理成负标准化数。

小数定标规范化的操作思路实际上是根据数据中绝对值最大的数据来决定移动的小数位数，将被处理的数据落到[-1,1]之间，小数定标规范化的操作公式为：

$$x^* = \frac{x}{10^k} \tag{3-16}$$

将原始数据进行数据变换可以提高数据的利用效率，同时满足一些企业的数值规定，在决定采用哪种数据变换方法时，可以根据数据的来源、结构及属性，结合相关领域的文献资料进行选择。

4. 数据规约

原始数据经过数据清理、数据变换、数据规约等处理后，还需要根据相关的企业要求或模型输入需要对数据文件的大小、属性进行处理。数据规约是指在不改变数据完整性的同时，压缩数据的存储空间，并将数据以合乎要求的方式表示。常见的数据规约方法如表3-9所示。

表3-9 常见的数据规约方法

数据规约方法	具体实现方法
数据维度规约	通过子属性选择法实现维度降低
数据压缩	小波变换法、数据源主成分分析法等
数值压缩	回归函数法、数据聚类法等

数据维度规约通过删除不相干的属性和维数减少数据量，主要通过子属性选择法来实现。该方法的主要操作流程是：对原始数据进行分析，找出数据集中最小的属性集，使得数据集中数据类型的概率分布情况与所有属性的原分布接近。

数值压缩的核心思想是利用函数或图形等存放数据，从而达到减少数据量的目的，实现方法以是否需要实际数据作为区分界限，分为有参数方法和无参数方法两类：有参数方法采用数学模型（函数等）来存放数据，只需要确定参数值，通过模型就能计算出原始数据；无参数方法就是通过图、聚类等方法对数据进行存储。下面对有参数方法和无参数方法进行展开叙述。

有参数方法可以用回归模型与对数线性模型来实现。首先，对于全是精确数值的数据，可以采用回归的方法，找到与之拟合的数学模型。在简单线性回归中，随机变量 y 可以表示为另一个随机变量 x 的线性函数。通过最小二乘法可以定义线性函数方程。在多元线性回归中，随机变量 y 可以用多个随机变量表示。其次，如果分析多个分类变量间的关系，对多个分类变量间的关系给出系统而综合的评价，就可以采用对数线性模型。常见的逻辑回归就是对数线性模型的一种。对数线性模型中的 Logit 过程如果用来分析自变量与因变量的交互项，那么它其实是逻辑回归模型的结果。只不过对数线性模型显示的是属性之间的相互关系，并不需区分 y 与 x。

无参数方法包括直方图、聚类、抽样等方法。直方图方法就是分箱，之前在数据清理中提到过，噪声光滑的一种方法就是分箱，即将数据划分为不相交的子集，并且给予每个子集相同的值。而用直方图规约数据，就是将观测值的数量减少，并使数据变成一块一块的。聚类算法是将数据进行分群，用每个数据簇中的代表来替换实际数据，以达到数据规约的效果。抽样就是通过选取随机样本（子集），实现用小数据代表大数据的过程。抽样的方法包括简单随机抽样、簇抽样、分层抽样等。

3.4 案例分析

本节以陆空联合打击体系为例，欲评估某陆空打击体系的打击效能，对体系进行分析，构建其效能评估指标体系，验证提出的效能评估指标体系构建方法的可行性。

3.4.1 体系作战案例详情

1. 评估背景

对于一般的武器装备体系作战效能评估，主要是对其的毁伤能力、打击能力进行评估，重点考虑的是装备的战技性能；而对于陆空联合作战体系，则需要重点研究体系运用作战装备完成作战任务的能力，以及体系中的联合作战效果。在进行陆空联合作战体系效能评估指标体系构建时，不仅要考虑武器装备战技指标等定量指标，也要研究体系中指挥员的统筹作战能力、指挥决策能力等定性指标。

待评估对象为陆空联合作战体系，其中包括远程导弹车、各式战斗机、地面雷达等武器装备，评估目的是得到一个可比较的陆空联合作战体系打击效能综合评价结果。一般来说，陆空联合作战体系的作战任务有对地打击、对空拦截等，其根本的作战任务是在通过打击威慑蓝方目标，保证红方作战单元的安全。

2. 作战流程

一般来说，陆空联合作战体系的作战效能评估指标体系构建可以按照编队组成、功能、使命过程等多种方式来划分，这里按照作战使命过程的阶段进行指标细化。因为这样能够满足效能定义中"给定的作战使命"的描述，同时也能剖析作战过程，分析陆空联合作战在各个作战阶段的战况战果，还有利于仿真试验设计的开展及评估数据的采集。陆空联合作战的作战流程描述如下。

通过对陆空联合作战体系进行分析，结合其对地打击、对空拦截的作战任务，可以看出陆空联合作战体系的作战效能体现在其对蓝方目标的侦察能力、指挥控制能力、对空对地的打击能力以及电子对抗能力。陆空联合作战体系的作战效能能否正常发挥，主要看体系的作战流程机制能否正常运行。陆空联合作战体系作战流程如图 3-10 所示，主要包括三个阶段，作战任务制定、作战计划编制与作战准备以及实施作战行动。

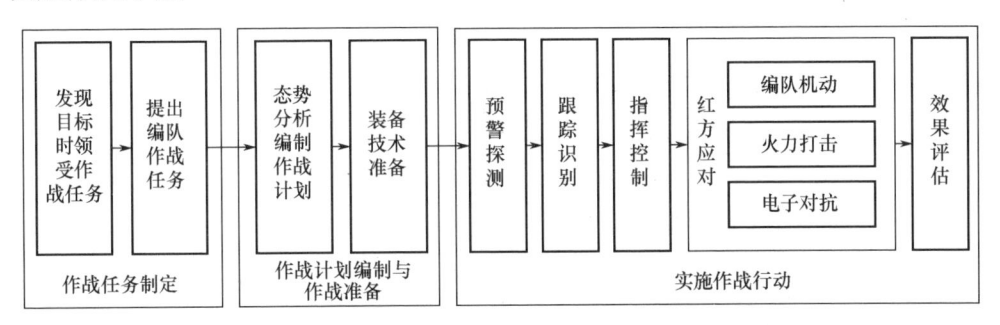

图 3-10　陆空联合作战体系作战流程

在作战任务制定阶段中，上级提出某作战目标后，领受作战任务，根据作战目标和红方作战能力情况，将作战目标分解，为体系制定初步的作战任务。

作战计划编制与作战准备阶段指的是在将作战目标分解成若干作战任务后，对战场态势进行分析，根据作战任务目标要求和上级指示，制定初步的作战任务执行方案和行动预案。编制好作战计划后，根据作战计划开始作战准备，包括武器装备保障、后勤保障等方面。

实施作战行动阶段指的是在完成作战准备后，针对蓝方目标开展的一系列作战行动，包括战前的预警探测、指挥控制、火力打击（如对地打击、对空打击）、电子对抗等行动，作战行动结束后开展效果评估。

3.4.2　指标体系构建

1. 指标体系结构层次分析

对陆空联合作战体系的效能指标体系进行结构分析，对图 3-10 所示的作战流程进行补充并细化作战效能参数，其中，作战态势分析包括蓝方目标攻击情况，包括空中目标攻击与地面目标攻击；作战计划编制与作战准备阶段能够反映陆空联合作战体系的自身能力，主要体现的是对作战的适应性，包括作战准备能力、体系可靠性及作战编队适应能力；实施作战行动过程中包括预警探测、跟踪识别、指挥控制以及红方应对等步骤，主要体现的是陆空联合作战体系性能，其中预警探测、跟踪识别体现的是体系的侦察探测能力，指挥控制能力包括指挥信息传输速度等，在红方应对行动中则是对体系对抗打击能力、电子对抗能力的体现。机动能力能体现作战过程中作战单元对战场环境的适应能力，是作战效能的直观体现，也可以看成作战体系性能的一部分。

综合以上分析，构建图 3-11 所示的陆空联合作战体系效能评估指标体系层次结构。

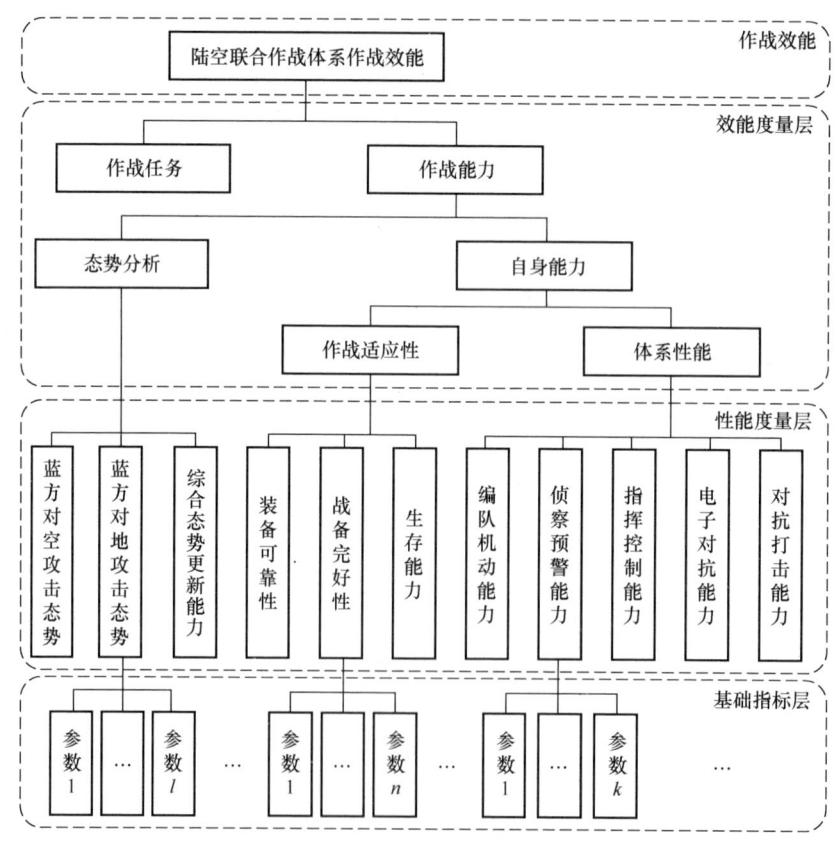

图 3-11 陆空联合作战体系效能评估指标体系层次结构

基于以上构建的层次结构图，可以对陆空联合作战体系效能评估指标体系做初步分析，再按照系统工程的层次分解法依次细化上层指标，并通过优化完善，得到陆空联合作战体系效能评估相关指标，具体如下。

（1）作战态势相关指标

作战态势主要包括蓝方对空攻击态势、蓝方对地攻击态势和综合态势更新能力三个方面，影响作战态势的指标因素主要包括蓝方飞机/导弹的来袭方向、攻击批次、攻击间隔、发射导弹距离和一次攻击发射导弹数等。综合态势更新能力的影响因素包括综合态势生成时间和更新时间两个方面。

（2）体系自身能力相关指标

① 作战适应性

根据陆空联合作战体系打击作战的特点，作战适应性主要考虑装备可靠性、战备完好性和生存能力三个方面。其中，装备可靠性重点考虑装备的平均故障间隔时间、平均故障修复时间和无故障连续工作时间；战备完好性则考虑技术准备完好率和待机准备完好率；生存能力主要考虑编队自身的防护能力、反侦察能力和抗毁能力等。

② 编队机动能力

编队机动能力主要受战斗机及地面兵力（作战单元）机动性和编队机动性两方面因素影响，战斗机及地面兵力机动性的影响因素为其最大速度、自身重量、最大转向角等；编队机动性的影响因素为保持队形能力、作战环境适应能力、变换队形平均耗时等。

③ 侦察预警能力

侦察预警能力包括预警探测能力和跟踪识别能力两个方面。其中，预警探测能力的影响因素为预警机阵位、预警机探测距离、信息传输能力，以及防空警戒舰的阵位、雷达探测距离、雷达抗干扰能力等；跟踪识别能力的影响因素为预警机识别能力、预警机跟踪能力和抗干扰能力，以及防空警戒舰的雷达跟踪距离、雷达目标处理能力和雷达抗干扰能力等。

④ 指挥控制能力

指挥控制能力重点考查编队的控制决策能力、指控响应能力和辅助决策能力三个方面。其中，控制决策能力的影响因素有作战计划生成时间、决策响应时间和决策者能力水平；指控响应能力的影响因素包括指控命令下达时间、指控命令响应时间和指控命令传输时间等；辅助决策能力的主要影响因素有情报处理能力、网络通信能力和辅助决策正确性等。

⑤ 电子对抗能力

电子对抗能力主要从三个角度来分析，包括电子侦察能力、电子干扰能力和电子防御能力。其中，电子侦察能力的主要影响因素有信息侦察能力、信息传输能力和信息识别能力；电子干扰能力的影响因素有信息压制能力、信息欺骗能力、雷达有源/无源干扰效果等；电子防御能力则包含威胁告警能力、自卫干扰能力和系统抗毁能力等。

⑥ 对抗打击能力

对抗打击能力主要包含空中拦截能力和地面武器拦截能力两个方面，影响作战效能的指标因素主要包括战斗机、导弹、自行火炮等武器的对抗打击能力。

2. 基于陆空联合作战体系指标的知识图谱

在开展陆空联合作战体系效能评估工作时，构建效能评估指标体系尤为重要。本案例基于以上对陆空联合作战体系及指标体系层级结构的分析，构建描述陆空联合作战体系指标的知识图谱，再从知识图谱中构建效能评估指标体系。

基于陆空联合作战体系指标的知识图谱主要对各层级指标之间的关系进行研究。

如图 3-12 所示，箭头代表各层级指标之间的关系；白色代表陆空联合作战体系效能；深灰色代表陆空联合作战效能度量指标；浅灰色代表陆空联合作战体系指标属性；中灰色代表陆空联合作战基础指标。

3. 陆空联合作战体系效能评估指标体系

基于陆空联合作战体系指标知识图谱构建面向陆空联合作战体系的效能评估指标体系。

（1）效能度量指标

根据以上对陆空联合作战体系指标层级结构的分析，以及构建的知识图谱，可以得到陆空联合作战体系的效能度量指标：作战适应性、编队机动能力、侦察预警能力、指挥控制能力、电子对抗能力和对抗打击能力，总计 6 个指标，如图 3-13 所示。

（2）作战适应性

根据以上对陆空联合作战体系指标层级结构的分析，以及构建的知识图谱，构建效能度量指标中的作战适应性指标，如图 3-14 所示。

（3）编队机动能力

根据以上对陆空联合作战体系指标层级结构的分析，以及构建的知识图谱，构建效能度量指标中的编队机动能力指标，如图 3-15 所示。

第 3 章 基于知识图谱的武器装备体系效能评估方法

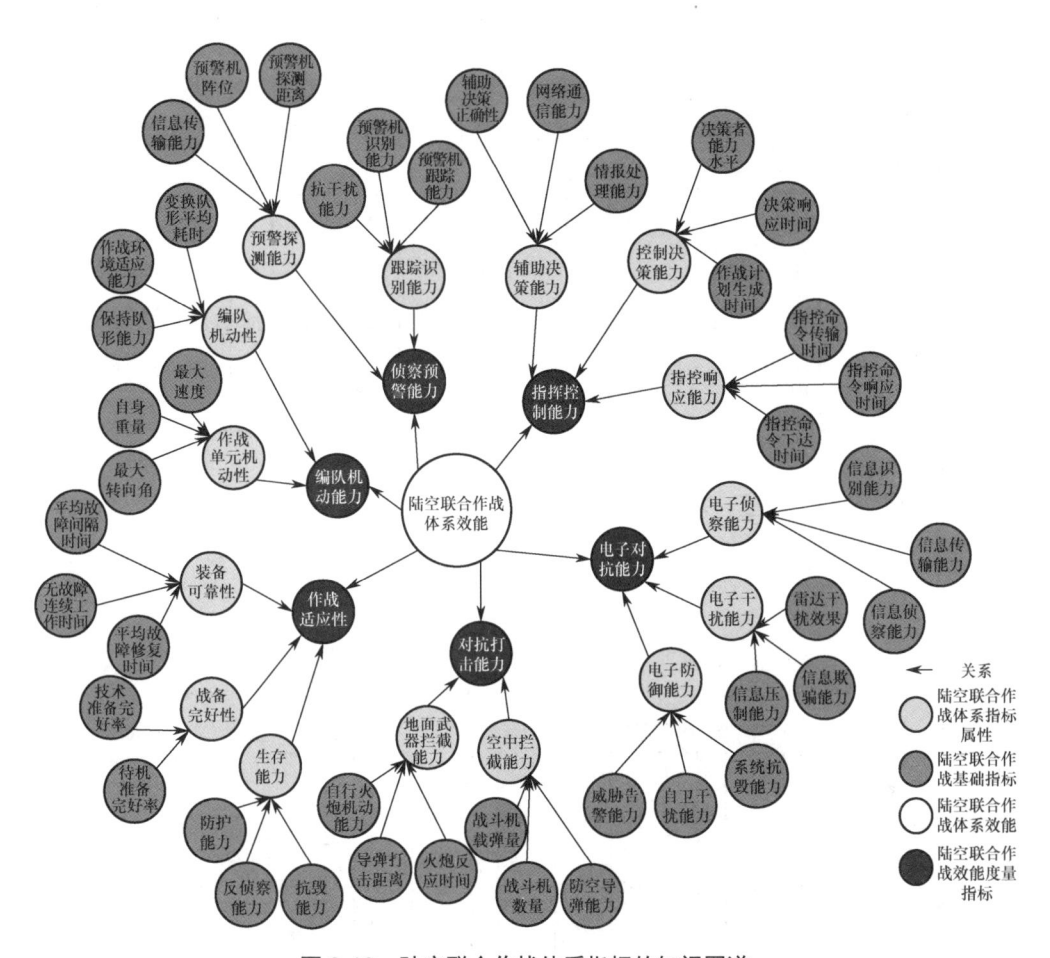

图 3-12 陆空联合作战体系指标的知识图谱

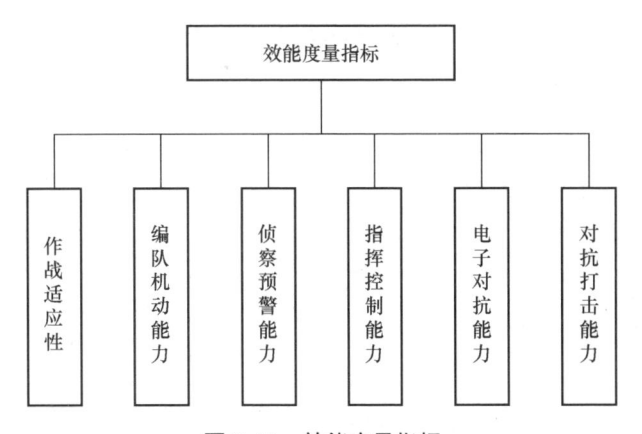

图 3-13 效能度量指标

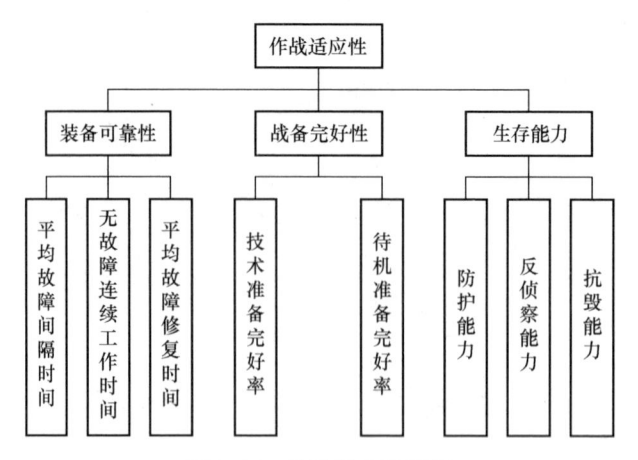

图 3-14 作战适应性指标

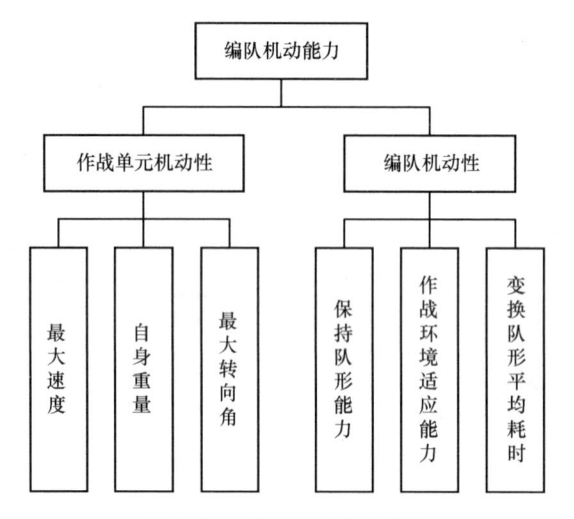

图 3-15 编队机动能力指标

（4）侦察预警能力

根据以上对陆空联合作战体系指标层级结构的分析，以及构建的知识图谱，构建效能度量指标中的侦察预警能力指标，如图 3-16 所示。

（5）指挥控制能力

根据以上对陆空联合作战体系指标层级结构的分析，以及构建的知识图谱，构建效能度量指标中的指挥控制能力指标，如图 3-17 所示。

（6）电子对抗能力

根据以上对陆空联合作战体系指标层级结构的分析，以及构建的知识图谱，构建效能度量指标中的待电子对抗能力指标，如图 3-18 所示。

第3章 基于知识图谱的武器装备体系效能评估方法

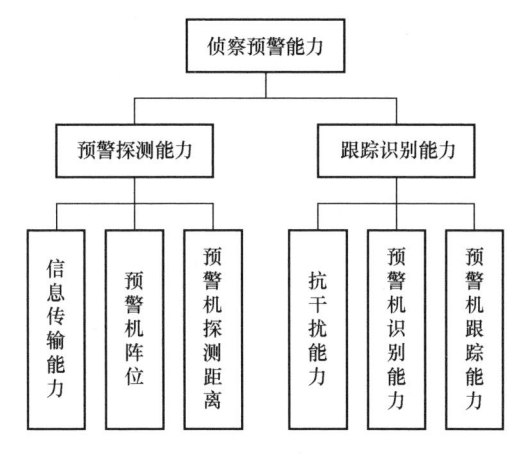

```
                    侦察预警能力
                   ┌─────┴─────┐
              预警探测能力    跟踪识别能力
             ┌────┼────┐    ┌────┼────┐
          信息  预警机  预警机  抗干扰 预警机 预警机
          传输  阵位   探测   能力  识别  跟踪
          能力        距离         能力  能力
```

图 3-16 侦察预警能力指标

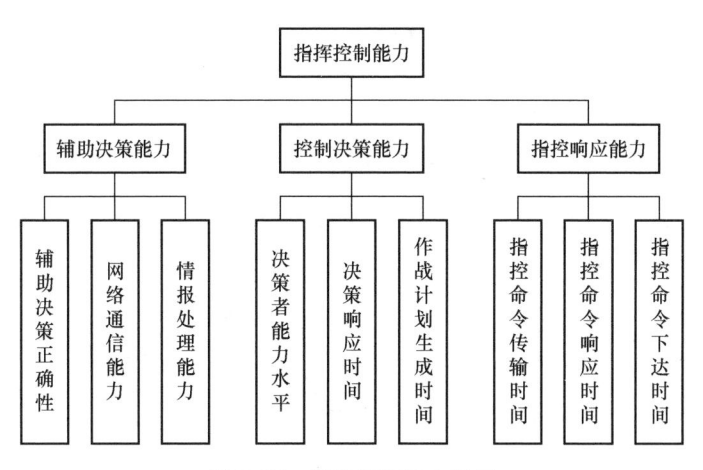

```
                        指挥控制能力
                ┌───────────┼───────────┐
           辅助决策能力   控制决策能力   指控响应能力
          ┌────┼────┐  ┌────┼────┐  ┌────┼────┐
        辅助  网络  情报 决策者 决策  作战  指控  指控  指控
        决策  通信  处理 能力  响应  计划  命令  命令  命令
        正确  能力  能力 水平  时间  生成  传输  响应  下达
        性               时间  时间  时间  时间
```

图 3-17 指挥控制能力指标

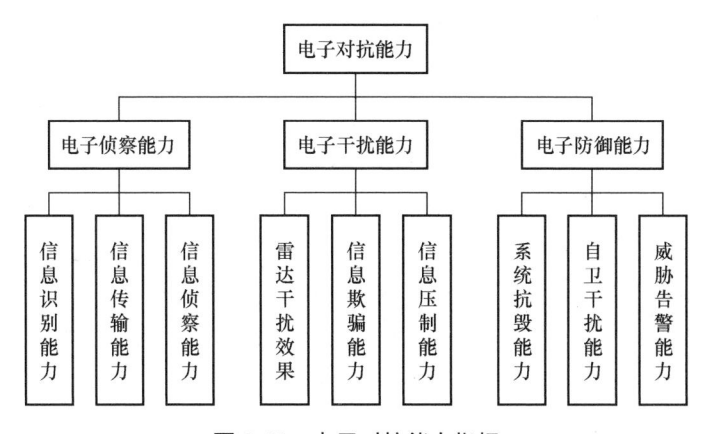

```
                        电子对抗能力
                ┌───────────┼───────────┐
           电子侦察能力   电子干扰能力   电子防御能力
          ┌────┼────┐  ┌────┼────┐  ┌────┼────┐
        信息  信息  信息 雷达  信息  信息  系统  自卫  威胁
        识别  传输  侦察 干扰  欺骗  压制  抗毁  干扰  告警
        能力  能力  能力 效果  能力  能力  能力  能力  能力
```

图 3-18 电子对抗能力指标

(7) 对抗打击能力

根据以上对陆空联合作战体系指标层级结构的分析，以及构建的知识图谱，构建效能度量指标中的对抗打击能力的影响因素指标，如图 3-19 所示。

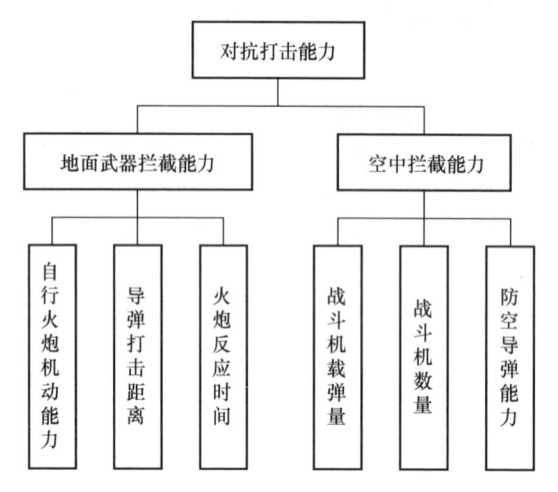

图 3-19　对抗打击能力指标

以上即为基于陆空联合作战体系构建的效能评估指标体系。构建体系的过程中先对指标体系的结构层次进行了分析，而后确定了效能度量指标、基础评估指标，通过分析构建了基于该体系指标的知识图谱，并在此基础上得到了完整的效能评估指标体系。整个流程验证了指标体系构建方法的可行性，后续的仿真实验构建、数据获取、效能评估都是在效能评估指标体系的基础上进行的。

第 4 章

基于深度学习的武器装备体系数据评估方法

基于深度学习的武器装备体系数据评估方法研究技术流程包括设计作战想定，根据作战想定设计仿真实验，通过仿真实验生成仿真数据，对数据进行处理，生成训练样本；同时，构建深度学习评价模型，利用数据训练构建好的模型，将模型训练好之后即可使用深度学习模型对武器装备体系的效能进行评估。在本章中，首先对作战仿真大数据的获取技术进行研究，然后研究基于深度学习的联合作战计划评价方法，最后通过海陆空联合作战体系案例实现基于深度学习的体系作战效能评估。

4.1 仿真大数据

本节对仿真大数据的概念进行剖析，总结作战想定的构建要素，提出仿真实验设计的四个主要阶段，最后介绍目前市面上广泛使用的几种仿真推演系统。

4.1.1 仿真大数据概念

现阶段信息化、科技化进程加快，实际作战数据或仿真作战数据都呈爆发式增长，作战效能评估领域已处于大数据的环境下，传统的效能评估方法如解析法、专家评估法、仿真模拟法无法提供大数据条件下有效的评估方案，具有以下缺陷：一是无法有效地分析大数据，尤其是对多源异构数据进行分析；二是无法结合多变的战场态势；三是难以从大数据中抽取完整的信息；四是评估过程中伴有一定的主观性。

在开展效能评估工作时，面向的对象是处于作战环境下的作战体系或武器装备，而作战过程中作战环境是不断发生变化的，体系或武器装备的态势也随之不断变化，因此效能评估的对象都是动态多变的。在作战过程中会产生海量的作战数据，在进行效能评估时，除了需要分析有关研究对象的历史数据，还需要从交战过程中在产生的环境数据、情报数据里提取信息。

作战环境复杂，战场态势瞬息万变，效能评估中面临着很多不确定性，在这个过程中会产生海量的作战数据，因此研究基于大数据条件下的智能评估方案，实现"从数据到评估"的效能评估是必要的。智能是指能够随着周围环境变化而改变，不断适应环境的能力，是人类在进化过程中不断适应环境做出改变演化而来的。大数据条件下的效能评估是具有一定智能的，所谓智能评估是指在评估过程中能够自动分析作战数据中的数据特征，从数据中提炼战场规律，总结战场态势变化情况，通过模拟战场进行效能评估，使得评估结果能够全面、准确地反映战场的整体情况，实现从数据中提取信息完成效能评估的智能评估流程。

1. 大数据的概念和内涵

20 世纪初，计算机逐渐普及，信息化、科技化进程不断加快，各式数据层出不穷，大数据应运而生。数据的原始意义在于它能够客观地对事物进行描述，如描述长方体的长宽高等，这就是数据的意义体现。海量的数据堆积在一起就形成了大数据，能够对事物的种种属性进行全面、细致的客观描述。从维基百科中对大数据的描述可以看出，大数据是指数据源包含的数据规模巨大，通过人工技术难以在短时间内将其整理成人类能够接收的信息。大数据的价值并不在于其数量规模上的巨大，而在于通过大数据能够发掘数据源头的运行规律、发展动态等，可以说大数据的出现使得人们认识世界、改造世界又多了一种方式。从战略意义上来看，大数据的存在能够深化人类对事物的认识，对大数据进行存储、整理、分析后，利用专业的方法从中提取关键信息，提炼事物运行的规律，从而达到深化认识的目的。也就是说，大数据产业的价值不是主要依靠对数据存储技术、传输技术研究来体现的，而是对数据快速分析加工，从中发掘有用的信息，通过这些信息才能够使大数据本身增值。美国著名的信息技术研究分析公司顾能公司对大数据的定义是：大数据是一种富有价值的信息资产，需要使用恰当的数据分析处理方式才能够使其更具价值。

2. 大数据的特点

可以看到，大数据的价值是多元化的，从不同的角度看待大数据，会有不同的价值，对于大数据，难以利用传统的方法对其进行存取传输、分析处理，需要使用相应的大数据技术。从本质上看，大数据就是对其数据源头详细的状态、功能等的客观真实描述，一般情况下，大数据具有以下四个特性。

第一，大数据具有整体性。大数据的规模巨大，能够对客观事物做详尽的描述，大数据内部之间的数据是相互关联的，形成了整个数据整体，具有整体性。

第二，大数据具有全息性。全息是指能够完整地再现某种事物，起源于激光物理。大数据的全息性在于其能够通过自身具备的信息、知识等客观地反映现实世界。大数据就是世界上各种数据信息的集合，等同于以全息记录将世界进行了客观描述，大数据分析的过程就是对世界的全息再现过程，能够反映客观世界的本质和规律。大数据的全息性具备两个特点：一是大数据对世界的本质和规律进行全息再现时，是通过不同的角度、层次进行的；二是大数据在反映世界的本质和规律时，其数据本身的不同部分也反映了世界的不同属性，同时还是相互联系的整体，体现了大数据具备的整体性。

第三，大数据具有动态性。大数据的动态性主要通过两个方面来体现。一是大数据的总量是不断变化的，总体呈增多的趋势，并且增速越来越快。随着科技的不断发展，世界信息化进程不断加快，现阶段大数据总量的增速越来越快，呈现指数型增长趋势。国际信息公司研究表明，现阶段每年大数据增长的总量超过50%，数据总量每一年半左右就会翻一番，大数据的量级甚至已经发展至超量水平。二是现实世界不断发展变化，导致大数据所包含的数据类型、数据属性、数据内容等信息也处于不断发展变化中。传统的数据关系主要以文本描述为主，现阶段科技发展迅猛，各式数据采集存储装备种类繁多，当前阶段各类视/音频数据、图文数据、网页数据，以及地理信息数据显著增长，这些数据来源多样、属性各异，在大数据中占比越来越大并有成为数据主体的趋势。

第四，大数据具有生长性。大数据源自客观世界，本身也是客观世界的一部分，其既可以由客观世界产生，也可以由自己内部产生，通过数据之间的交互产生新的数据，这便是大数据具备的生长性。最能体现其生长性的例子就是仿真模拟，仿真环境是通过对历史数据的分析得到的，通过仿真环境又能够得到新的数据。同时，大数据内部数据的交互、结合及应用等活动也会不断产生新的数据，这也是大数据具备生长性的体现。

4.1.2 作战想定概念

在建立仿真实验之前需要对已达成某种军事目的开展的作战行动进行结构化

的描述，这就是想定。想定分为军事想定和作战想定，前者范围更广，侧重于从战略战术的角度对作战进行描述；后者更加细致化，强调对作战过程的详细描述。

1. 军事想定

通常在文献资料中提及的"想定"指的是"军事想定"，在北约研究报告中对"军事想定"给出了定义。

在2010年北约研究报告以及北约《指挥控制评估最佳实践规范》研究报告中，对军事想定做出了如下定义：在与所关注事件相关的规定时间范围内，对设想（或实际）的地域、环境、手段、目标与事件的描述。

我国通常讲的军事想定是指按照训练课题对作战双方的企图、态势及作战发展情况进行设想和假定的演习文书，分为基本想定和补充想定，是组织、诱导军事演习和作业的基本文书。

从以上两个定义的对比可以看出，北约对军事想定的描述更加细致，注重对作战过程中的细节进行详细阐述；两个定义中的共同点则是在利用军事想定对作战过程进行描述时，通常只向下描述一级或二级。例如，在战略级别的军事想定中，描述的最小单位是集团军；在战役级别的想定中，描述的最小单位一般只到师或团；战术级别的军事想定中最小的单位则是连或排。

可以看出，军事想定中的描述还是比较粗放的，不能让计算机有效地识别出来，不能直接输入到仿真程序中，开展仿真实验，因此需要在军事想定的基础上提出仿真想定。仿真想定是在军事想定的基础上提出的，对军事想定中较为粗放的部分，仿真想定对其进行细化补充，以便于计算机仿真程序能够有效识别。在仿真想定的基础上，对部分片段需要做更加细致的补充描述，因此产生了仿真想定片段；同时，对某些实验论证问题，需要设定不同的想定参数，由此产生了仿真想定变体。

（1）仿真想定概念

对于仿真想定，其定义包括三点：第一，仿真想定是对军事想定中提及的作战任务、行动方案等的细化与补充；第二，仿真想定是从作战目的出发，面向某特定仿真系统配置细节的具体设定；第三，仿真想定是基于军事想定中的描述，为保证仿真实验顺利开展而准备的军事想定初始数据以及作战行动规划设置。

（2）仿真想定片段

仿真想定片段是指仿真想定中的部分片段，可以促进仿真想定更加灵活地进行表述，通过仿真想定片段可以对仿真想定的特定部分进行表述，便于组合其他部分，达到灵活使用的目的。仿真想定片段可以看作包含于仿真想定中的零件，可以根据不同需要进行取用。因此，一般的仿真想定片段不应该包括如特定地理位置、特定时刻等描述。

（3）仿真想定变体概念

在进行武器装备论证或体系效能评估时，通常会根据不同的目标对仿真实验进行不同的配置，需要基于仿真想定的描述，对某些初始参数（如武器装备数量、作战单元部署位置等）进行调整，以满足不同的实验需求。据此得出仿真想定变体的定义为：为满足实验目的，对仿真想定中初始参数进行调整后产生的想定。

综合以上对军事想定的诸多定义，对面向武器装备体系对抗的作战想定进行定义：对武器装备体系的诸多参数（包括作战任务、作战环境、作战单元等）进行确切描述，以满足在武器装备体系对抗仿真系统中对作战进行完整展示的需要，同时便于后续的仿真数据采集。

2. 作战想定

作战是指为达成某种军事目的运用武器装备力量完成作战任务的军事行动的集合。作战想定是基于军事目的，对可能运用的武器装备、可能执行的作战任务以及作战环境的设想和假定。作战想定在武器装备论证以及体系作战效能评估领域有显著的作用，仿真实验搭建就是在作战想定的基础上进行的，作战想定是仿真的前提，作战想定的设置直接影响后续的论证或评估结果。

在进行仿真实验设计、搭建仿真实验环境之前，需要对作战想定进行细致的描述，尤其需要对关键因素（位置、数量、环境等）需要交代清楚，为后续的武器装备论证以及体系作战效能评估奠定基础。具体地说，设计作战想定时需要考虑的因素包括：作战体系的指挥流程机制、指挥关系，武器装备的具体数量、具体型号，作战任务的执行流程、时间位置环境、后勤保障等要素。

设计好作战想定后，根据作战想定的详细描述，开展后续的仿真实验设计以及效能评估。

4.1.3 仿真实验设计

仿真数据是进行武器装备灵敏度分析的基础，通过有效的途径获取数据，通过分析处理后应用于深度学习模型，进行武器装备体系作战效能评估。

数据获取的主要方法就是通过仿真实验，进行仿真推演，从而得到仿真原始数据。在开展仿真实验之前，需要预先对仿真实验的结构、方法、步骤等进行设计，设计的同时要结合作战目的、作战体系整体情况等重要信息。仿真实验设计的首要步骤就是设计作战仿真实验框架。

作战仿真实验框架是根据作战目的、体系信息以及仿真实验需求设计的，通过研究仿真实验需求明确仿真实验的目的。获取仿真实验需求是仿真实验设计的首要步骤，只有确定了实验需求、明确实验目的，才能保证后续的步骤顺利推进。一般来说，需求获取需要参与效能评估的研究人员共同商议完成，通过讨论，不断完善实验需求的细节，推进构建科学合理的仿真实验。

在讨论仿真实验需求时，相关的研究人员对实验目的等的理解会不断加深。完成仿真实验需求获取后，研究人员会更加了解仿真实验的整体情况，仿真实验框架也就有了初步的构建思路，下一步是将仿真实验框架具体地构建出来。仿真实验框架在仿真实验设计中主要起到指导作用，对仿真数据获取以及后续的效能评估都具有一定的指导意义，其内容主要包括基于作战目标及效能评估目的的仿真实验步骤和规定界限。仿真实验框架如图 4-1 所示，包括四个阶段：仿真实验设计、仿真实验开发、仿真实验运行和仿真实验统计分析。这四个阶段是一个整体，共同组成了仿真实验框架，前后是相互连接的，是作战仿真实验整体情况的体现，并且在仿真实验框架运行循环过程中，仿真实验的具体细节会不断完善，直至能够完整地体现研究目的。

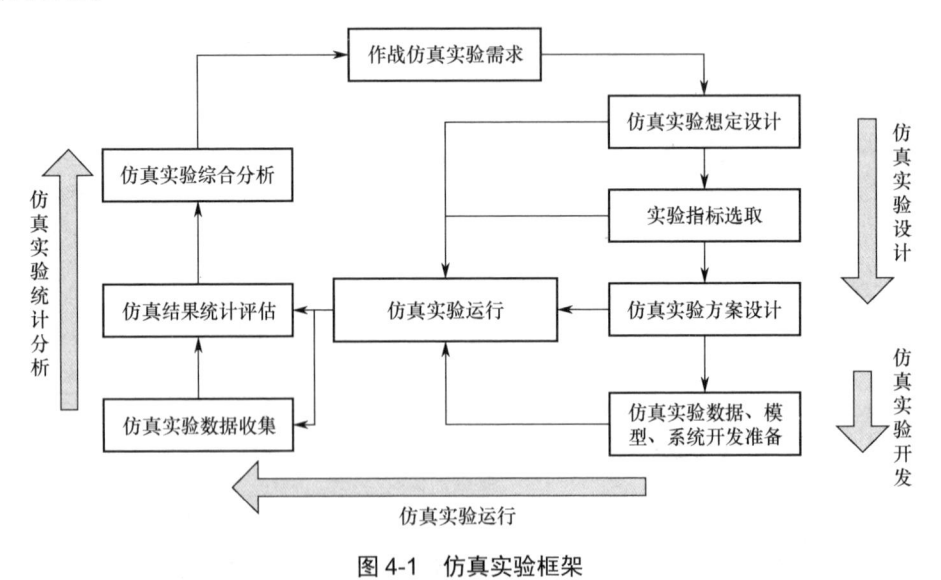

图 4-1 仿真实验框架

1. 仿真实验设计阶段

在仿真实验框架中，仿真实验设计阶段是关键，对仿真数据获取起着至关重要

第4章 基于深度学习的武器装备体系数据评估方法

的作用，其内容包括对仿真实验的整体情况进行规划，进一步理解作战体系的目的，对实验所需的重要因素进行描述，包括实验结果的基本假设、作战任务的时间节点、武器装备数量、作战保障资源设置以及仿真实验需要遵循的规则等。仿真实验设计阶段由四个方面构成：第一，对仿真实验需求做细致的描述；第二，设计实验运行的框架，对实验内容进行解释说明；第三，根据构建的效能评估指标体系，设计仿真实验指标；第四，设计仿真实验方案，对其中包含的细节进行解释说明，形成书面文档，并且要易于实现。在设计仿真实验时，必须依据构建的作战想定内容，对作战想定中的诸多不确定因素（包括作战环境、作战任务等）尽可能地进行还原，因此设计的仿真实验实施方案必须涵盖足够多的仿真想定变体，以满足对作战想定中不确定性因素的还原。此处仿真想定变体的集合共同组成了作战想定空间，要求仿真实验能够覆盖作战想定空间。

所谓作战想定空间，就是包括了所有的仿真想定变体，是参数不同的作战想定的集合，涉及所有仿真实验设计中可能用到的作战想定。一般来说，作战想定空间中包含的作战想定、采用的不同想定参数都是由参与效能评估的所有研究人员共同讨论决定的。在形成作战想定空间时，需要注意的事项主要有三点：第一，设计需要改变的想定参数时（武器装备数量、战场环境等），要考虑战场上的不确定性因素，使设计的仿真想定变体能够体现作战体系在执行作战任务时的灵活多变；第二，要考虑作战想定空间的界限大小，避免想定空间范围的无限扩大，对重复的、无关紧要的想定参数，可以做默认不变处理，以减少仿真想定变体的数量；第三，想定空间中包含的想定要易于用户理解，让用户明确设计想定的意义和目的，同时具备专业性、可信性。

仿真实验设计中的另一个重要的步骤是设计仿真实验指标，在对仿真实验指标进行设计时，要结合前期准备工作中构建的效能评估指标体系，同时结合想定空间，选取能够对仿真实验所要达到的性能进行定量度量的指标，如具体作战对象、毁伤程度、作战发起时间、持续时间、结束时间、作战武器配置、兵力类型和数量、战场环境指标和作战规则指标。

仿真实验方案开发是依据构建的作战想定内容，对作战想定中的诸多不确定因素（包括作战环境、作战任务等）尽可能地还原、对实现实验目标的实验过程详细描述的过程，最后形成书面文档。仿真实验方案开发包括四个阶段：一是实验因素设计；二是实验条令规则设计；三是实验过程设计；四是试验方案书写。

2. 仿真实验开发阶段

仿真实验开发阶段也是仿真实验数据获取的准备阶段之一，仿真实验设计好、形成具体的实验方案后，需要准备实施仿真实验所需的资源，包括整理仿真实验所需的参数、开发相关的算法模型、安装并调试相应的仿真实验平台以及实验人员的培训和安全教育。

整理仿真实验所需的参数主要是通过想定空间，对实验过程中涉及的作战单元实体、作战任务、作战环境、条令规则等参数进行确定，要求每个定量参数都能够取得确切的数值。作战单元实体是指武器装备型号以及各型号装备的具体数量、涉及的关键武器型号等；作战任务是指在实验过程中作战体系需要完成的任务，其中的参数包括任务起止时间、任务区域等；作战环境即整个作战过程中体系所处的环境，通常需要设置风、雨、云、温度等指标并设置环境是动态的还是静态的；条令规则是指在交战过程中体系内作战单元需要满足的规定，如在何种情况下准许开火、在何种情况下准许撤离等。

在准备仿真平台时，要保证系统运行的可靠性，同时保证操作人员的专业性以及安全，因此在安装调试好仿真平台后需要对相关的操作人员进行培训，并进行合理的安全教育。值得注意的是，在调试仿真平台时，要对计算机的连续工作时间以及模型运行速度等关键点进行测试，避免因计算机死机、卡顿等意外事件造成仿真实验中止或数据损坏。对于可能遇到的其他问题，相关研究人员可以结合实际情况准备预案，对仿真实验方案做出调整，以保证顺利获取仿真数据。

3. 仿真实验运行阶段

仿真实验运行阶段是产生和收集实验数据的阶段，主要是按照实验设计来运行仿真模型，进行可控实验，包括实验运行和实验数据收集。这一阶段获取的所产生和收集的实验数据是下一个仿真实验统计分析阶段的基础。

4. 仿真实验统计分析阶段

仿真实验统计分析阶段是对获取的仿真数据进行分析，并且对实验过程进行总结，主要通过人工或采用统计学的方法进行分析，形成初步的实验结论。仿真实验统计分析阶段的工作包括整理数据、数据结果分析、实验总结以及形成初步结论。

上述四个阶段交互循环后生成的仿真实验数据，通过进一步的数据处理后，可作为后续武器装备灵敏度分析的训练数据，输入到深度学习模型中进行武器装备灵敏度分析。

4.2 深度学习神经网络建模

关于如何构建一个合理高效的效能评估的深度学习评估模型，需要考虑获取的数据特点等方面的问题。确定效能评估的深度学习评估模型构架，关键点有网络深度（隐藏层的层数）的确定，每层与上下层之间连接方式的确定，每层宽度的确定以及每层激活函数的确定等。本节对深度学习的概念进行介绍，同时总结目前广泛使用的深度学习模型结构，研究模型的优化、训练技术以及性能评估指标。

4.2.1 深度学习基本概念及其在军事领域的应用

1. 深度学习基本概念

近几年，人工智能技术发展迅猛，在各个领域都有着广泛的应用，如何有效地将人工智能技术与效能评估相结合，最重要的就是研究人工智能技术在大数据领域的应用。截至2006年，机器学习技术在很多领域都取得了应用，但是研究人员发现传统的如BP神经网络、随机森林等机器学习模型在一些应用场景下适用性不高。因此在机器学习研究的基础上，研究人员开发了深度学习。深度学习起源于传统机器学习中的神经网络，其本质是能够通过训练实现某些功能的多层神经网络模型。在大数据分析研究领域，深度学习能够通过多层的神经网络提取大数据中的隐含特征，自行训练，从而达到实现某种功能的目的。深度学习的优势在于自行提取的黑箱性质、模型搭建简单、非线性映射等，是目前人工智能领域的主流技术。

深度学习与大数据之间具有紧密的联系，大数据包含的海量信息和隐含的特征能够被深度学习模型中的多层神经网络提取，反之，深度学习模型训练也需要足够多的数据支撑，才能达到较好的训练效果，使之具备特定的功能。目前，深度学习的应用领域广泛，包括图像识别、声音识别、机器视觉等，这些领域有一个共同的特征就是数据量巨大，能够支撑深度学习模型训练；同时，深度学习与其他算法模型结合，在很多领域也取得了大量的成果，如象棋、围棋、自动驾驶、评估预测等方面。

与过去的战场态势预测及评估技术不同，深度学习将充分利用交战过程中产生的海量数据，提取其中的信息特征，实现效能评估，其优点在于：第一，深度学习模型由多层神经网络组成，能够实现非线性映射，对战场中的隐藏特征信息进行提取，同时结合战场指挥员的相关数据能够实现模拟指挥员进行决策，为指挥员提供决策辅助支持；第二，战场态势特征信息复杂，数据中时空特征交互，利用多层次的深度学习模型能够有效提取这些信息；第三，深度学习模型能够自动提取复杂数据中的特征，以此来学习模拟复杂的战场环境等。因此，将深度学习应用于战场态势评估预测是具有可行性的。

深度学习诞生于 2006 年，是由多伦多大学的 Hinton 等在机器学习研究的基础上提出的，从此引发了众多学者对深度学习的研究。目前，深度学习在各领域都取得了不俗的研究成果。在深度学习模型中，每层网络都具备若干个相互关联的神经元，每个神经元之间的连接权值会在模型训练过程中不断发生改变，进而使得模型具备某项功能。时至今日，深度学习网络已经发展出多种类型，其中常见的网络结构包括前馈深度网络、反馈深度网络、双向深度网络和无限深度网络，如图 4-2 所示。

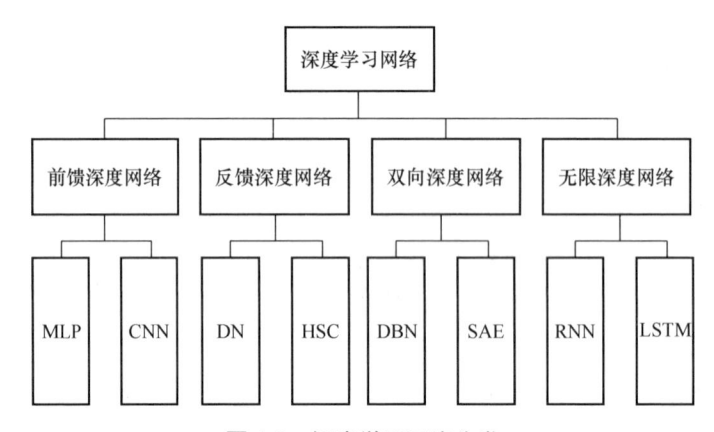

图 4-2 深度学习网络分类

深度学习被开发出来以后，得益于机器学习已在一些领域取得了成果，深度学习在此基础上在更多领域有了长足的发展。时至今日，深度学习不仅在学术界应用广泛，并且已经投入到工业使用中，取得了一定的成果。例如，其在人脸识别、声音识别、数据处理、交通预测等方面的应用，为人类的生产生活带来了一定的便利。在军事领域，尤其是战场态势预测、效能评估等方面，深度学习也能发挥其优势。

2. 深度学习在军事领域的应用

通过深度学习在其他领域取得的成果可以看出，深度学习在处理大数据问题上具有显著的能力，同时大数据的存在也使深度学习模型能取得更好的学习效果。现阶段军事领域数据也呈现指数型增长，这为将深度学习引入军事领域提供了充分性和必要性。国外相关项目的研究开展较早，美国国防部高级研究计划局（Defense Advanced Research Projects Agency，DARPA）就深度学习在军事领域的应用开展了一系列相关的项目研究。2007年，DARPA基于IBM研究的"深蓝"机器人，提出了"深绿"项目，该项目旨在基于战场军事数据实现提取数据特征完成智能决策的辅助决策系统，但受限于当时的计算机技术，无法有效地实现特征提取。2009年，在"深绿"项目的研究基础上，DARPA对深度学习展开了进一步的研究，提出了Deep Learning计划，该计划的研究内容是基于战场或仿真数据中包含的大量音频数据、文本数据等，利用深度学习从中提取有用信息特征，然后将其应用于信息处理、分类、发掘数据关系等领域。2010年，DARPA相继启动了Mind's Eye项目与Insight项目，这两个项目均研究深度学习在机器视觉上的应用。Mind's Eye项目旨在根据视频信息实现形象推理；Insight项目则是为了分析图像和非图像传感器数据，进行自动推理，提前预知潜在威胁。2012年年初，DARPA继续研究相关项目，提出了XDATA计划，该计划旨在开发处理和分析军事大数据的工具；在此基础上，DARPA于同年又实施了DEFT项目，该项目的核心思想是利用深度学习发掘数据隐藏特征和信息，研究将这些信息进行整合，并应用于效能评估、态势预测以及辅助决策等诸多领域。2013年，DARPA提出了PPAML项目，旨在构建能够从不确定信息中推理关联关系的智能学习机器。

随着深度学习相关研究越发深入，国内的一些学者也尝试将其应用于军事领域，主要涉及安全防护、态势预测以及效能评估等方面，并取得了一些成果。李春林等为降低网络入侵防御的误检率，在入侵检测的过程中融入了自编码器，有效提取了数据特征。该方法的核心是使用大量的无标签数据训练自编码器，并通过分类器对提取的特征进行分类，最后利用数据验证了使用该技术能够有效降低误检率。孙志军等为解决雷达识别率受限的问题，将深度学习应用于特征提取，提出了基于多层自动编码器的特征提取算法，通过多个数据集验证了算法的有效性，提高了雷达识别目标的准确率。周长建等研究了深度学习在网络态势感知方面的应用，并通过对比试验得出深度学习与BP神经网络相比，在预测的准确率上更具优势。张乐等研究了深度学习在效能评估指标体系构建中的应用，其研究的核心思想是为简化计算分析，利用自编码器把复杂冗余的指标体系非线性映射到维数更低的指标集中。结果表明，在保证指标关键信息完整的情况下，该方法实现了对原始指标体系的简化，降低了后续计算的复杂程度。

4.2.2 深度学习神经网络类型

如果想构建一个合理高效的评估武器装备体系灵敏度的深度学习评估模型，则需要考虑从武器装备体系中获取的数据特点等。确定武器装备体系灵敏度的深度学习评估模型构架，关键点有网络深度（层数）的确定，每一层宽度的确定，层与层之间连接方式的确定以及激活函数的确定等。

下面介绍针对武器装备体系贡献率评估拟采用的几种深度学习模型结构。

1. 多层神经网络模型

若我们获取的数据规模不大，则可以通过多层神经网络实现深度学习，一个典型的多层神经网络是由多个简单的神经元相互按照层级连接在一起形成的，一个神经元的输出可以作为下一个神经元的输入，其一般结构如图 4-3 所示。

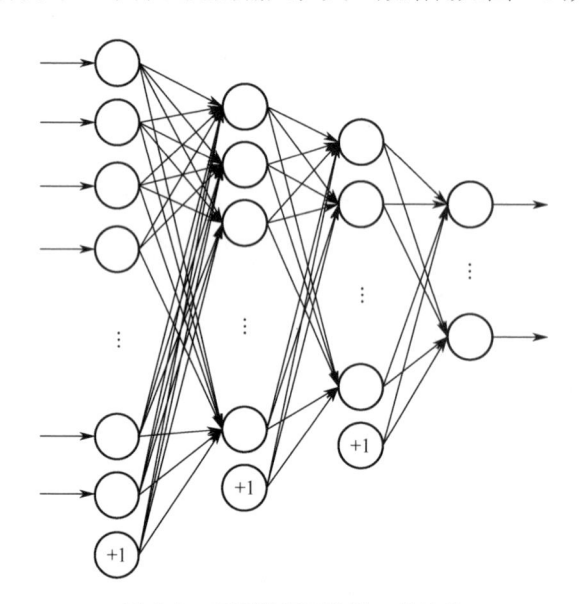

图 4-3 多层神经网络的一般结构

如图 4-3 所示，网络中包含"偏移量单元"，它作为截距的输入值恒为 1，在每层网络中都被标记为+1。图 4-3 所示的结构是一个具有三个隐藏层的深度神经网络结构，从左至右分别为输入层、三个隐藏层、输出层。该网络接收一个输入序列 x（从仿真实验中获取的一系列数据），经过各个隐藏层神经元，输出最终的结果（武器装备体系的效能）。在深度神经网络中，每层网络的全部神经元都是与下一层网络的全部神经元连接的，并且每条连接都表示一个权重，从第二层开始的神经元上

第4章 基于深度学习的武器装备体系数据评估方法

开始都有一个激活函数，一般来说，所有隐藏层的神经元的激活函数都是一样的，为一个非线性函数。因此，确定武器装备体系灵敏度评估的多层神经网络模型构架，关键点有网络深度（层数）的确定，每一层宽度的确定以及激活函数的确定。神经网络的宽度往往和输入数据的规模有关。

网络深度的确定：网络深度是指深度学习模型的隐藏层数量和神经元数量，与模型的性能息息相关，一般来说，网络深度的确定与数据结构和数量有关，对于武器装备体系效能评估问题，需要利用数据样本集开展控制变量实验，通过对验证集上的误差分析，来确定适宜的深度学习网络深度。

激活函数的确定：假设我们已经从仿真实验中获得了一组包含 m 个样本的训练数据 $\{(x^{(1)},y^{(1)}),\cdots,(x^{(m)},y^{(m)})\}$，第 i 个数据样本是 $(x^{(i)},y^{(i)})$，其中 $x^{(i)}$ 表示指标参数，$y^{(i)}$ 表示该指标参数下对应的体系效能。在神经网络中，最基本的计算单元就是单个神经元权重的计算过程，可以将其看作一个非线性激励函数 $h_{w,b}(x)$，该函数的关键点在于输入数据的权重和偏移量，在式中分别用 w 和 b 表示，所谓的训练过程就是不断调整这两个参数的过程。在神经网络中，最小的计算单元如图 4-4 所示，为易于理解，可以将其看作只包含一个神经元的网络。

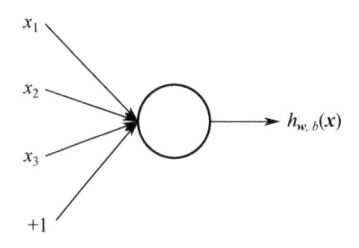

图 4-4　最小的计算单元

该神经元作为一个计算单元，根据输入向量 x 和值为 1 的截距计算得出：

$$h_{w,b}(x) = f(w^{T}x) = f\left(\sum_{i=1}^{3}x_i w_i + b\right) \tag{4-1}$$

式中，f 称为激活函数。典型的激活函数有双曲正切函数 $f(x)=\tanh(x)$，sigmoid 函数 $f(x)=\dfrac{1}{1+\exp(-x)}$，ReLU 函数 $f(x)=\max(x,0)$。tanh 函数和 sigmoid 函数都能够提供较平滑的非线性映射能力，其中 tanh 函数实际上是 sigmoid 函数的缩放形式，其值域分别为 (-1,1) 和 (0,1)，这两种激活函数的图像都是平滑的，梯度变化较慢，可能会导致实际训练过程中需要更多的算力、更多的时间。ReLU 函数部分区间是线性的，相比前两种激活函数，ReLU 函数能够提供更快的计算速度，因此在面对大规模的仿真数据时，一般会采用 ReLU 函数，以实现更快的训练速度，加速收敛。

以上是对多层神经网络的介绍，该网络的特点就是层与层之间每个神经元都是相互连接的。其优势在于当输入端的样本数据较小时，通过训练，网络能够较快地实现拟合，但是当数据增多时，由于网络连接关系过多，计算量会显著上升，因此在数据规模较大时，多层神经网络模型适用性较差。

2. 卷积神经网络模型

当获取的仿真数据量大时，采用卷积神经网络的深度学习网络结构能够取得更好的拟合效果。卷积神经网络由多层的神经网络堆砌而成，其结构如图 4-5 所示。在该结构中，一部分神经元组成模块 B，模块 B 用于提取相邻数据中包含的某一方面的特征，这些特征将作为输入数据，直接输入到多层全连接网络 C 中，通过 C 进一步提取数据特征。

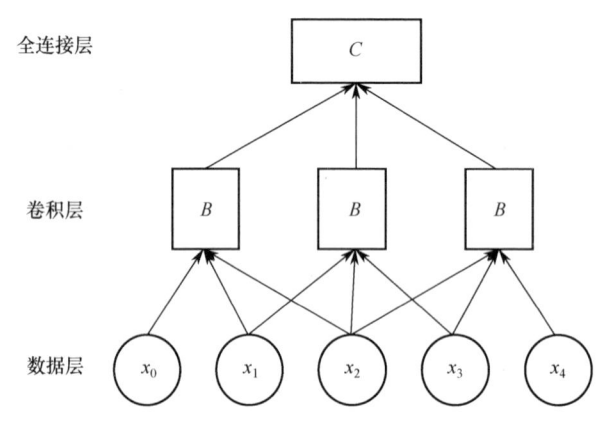

图 4-5 卷积神经网络的结构

可以看出，卷积神经网络更具灵活性，能够进行组合，也就是说，某卷积层的输出能够直接作为另一个卷积层的输入，因此任意卷积层之间都能进行组合，经多层卷积层提取的特征更加抽象。

从卷积神经网络的结构中能看到，卷积层提取的数据特征能直接输入到全连接网络中，并开始训练，但是实际上每个模块 B（也称为卷积核）都能够产生输出，所以不同的卷积核数量也就会导致全连接网络的输入数据量不同，需要耗费的算力也就不同。一般情况下会构建数量较多的卷积核，这是为了从数据中得到更多的特征信息，以便于达到更好的训练效果，但是这又会导致计算量剧增。因此，为了降低计算量，同时尽可能地保证特征提取的数量，卷积层之间会设置池化层。池化层的作用是对卷积层提取的特征进行再计算，得到以矩阵形式呈现的、规模较小的特征集，常见的池化方法有三种：最大池化法、均值池化法、随机池化法。它们能够对池化区域的最大值、平均值和抽取的随机值进行计算。

图 4-6 所示为卷积层和池化层交替相接示意图，其本质是一个特征提取器。

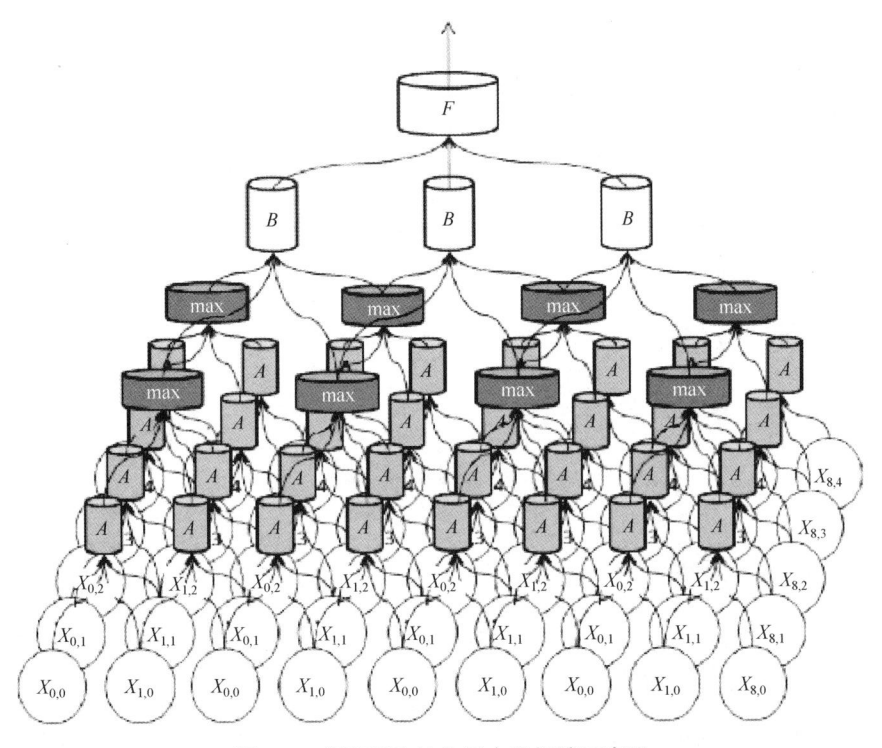

图 4-6 卷积层和池化层交替相接示意图

在图 4-6 中，输入端 x 是经过处理后的仿真数据，A 代表卷积层，用于初步提取数据特征，然后将提取的数据特征输入池化层，进行池化运算。图 4-6 中的池化方法是最大池化法，通过池化运算能够对数据特征信息进行概括，以达到简化计算的目的。池化后的结果输入到下一层卷积层 B 中，继续运算，进一步将数据特征提取出来。最后将卷积层 B 提取的数据特征输入到全连接网络中进行训练，从而实现训练网络达到某种功能的目的。

3. 自编码器

自编码器可使每个隐藏层单元分别自发地学习数据的某一方面特征。自编码器是一种神经网络结构，其核心思想是利用反向传播算法尽可能地缩小预测值与真实值之间的差值。自编码器功能实现的途径是通过训练出一个有效的识别函数（$h_{w,b}(x) \approx x$），该函数的目的是使得输入层的 x 尽量与输出层的 $\hat{x}$ 接近。自编码器的用处在于它能够调节神经网络结构，给隐藏层的单元施加限制条件，从而获取数据的更多特征。自编码器的结构如图4-7所示。

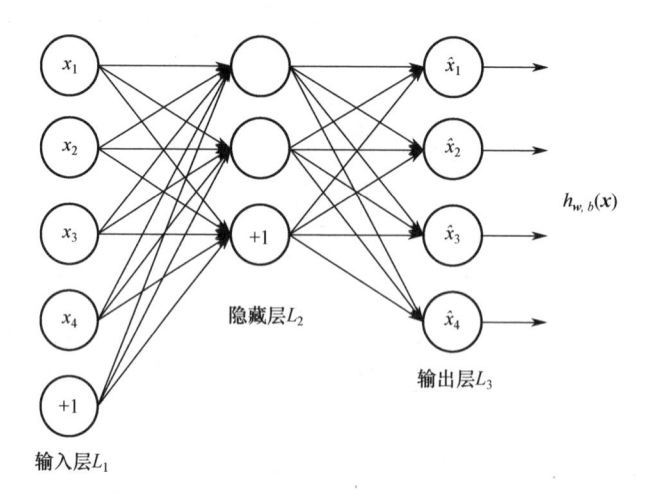

图 4-7 自编码器的结构

4. 稀疏自编码器

为充分表达武器装备体系中获取的数据特征，在自编码器中引入稀疏编码的思想，从而更好地获取数据特征。其实现方法是在自编码器结构中加入一个稀疏惩罚项，形成稀疏自编码器，能够在稀疏约束条件下对提取的数据特征进行简化，可以更好地表征数据特征。自编码器虽然能够获取更多的数据特征，但由于它仅仅是对输入层进行"复制"后，就将其输入隐藏层，难以提取到关键特征。而稀疏自编码器能够有效改善这种状况，获取关键特征信息，更具有应用价值。

5. 递归神经网络模型

当仿真数据从时间上看是一个大小可变的序列时，我们需要使用递归神经网络模型（RNN）。

图4-8所示是递归神经网络模型的示意图，对给定的输入数据以及对应的输出，将这些数据输入到神经网络中，从其结构中可以看出，输入数据和 $t-1$ 时刻的数据状态都指向了 t 时刻的隐藏层状态，也就是说，输入数据和上一时刻的隐藏层状态都对 t 时刻的隐藏层状态具有一定的影响。这说明网络的训练过程与时间相关，当仿真数据具备时间特征时，应当选用RNN模型进行建模。

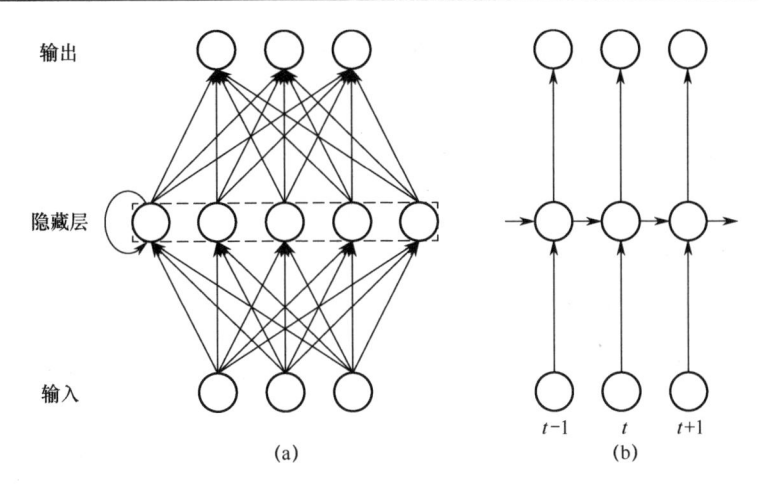

图 4-8　递归神经网络模型的示意图

6. 长短时元胞递归神经网络

采用传统的 RNN 模型，会面临梯度爆发或消失问题，导致无法充分利用时序序列中的数据。与传统的 RNN 模型不同，长短时记忆（LSTM）网络在模型中加入了元胞，以此解决在 RNN 模型的训练过程中容易出现的梯度爆发问题。从 LSTM 网络结构中可以看出，其外部具有 RNN 循环结构，内部也存在自身的循环，同时在 LSTM 网络中具有一个用来存储信息的元胞，如图 4-9 所示为 LSTM 单元结构示意图。

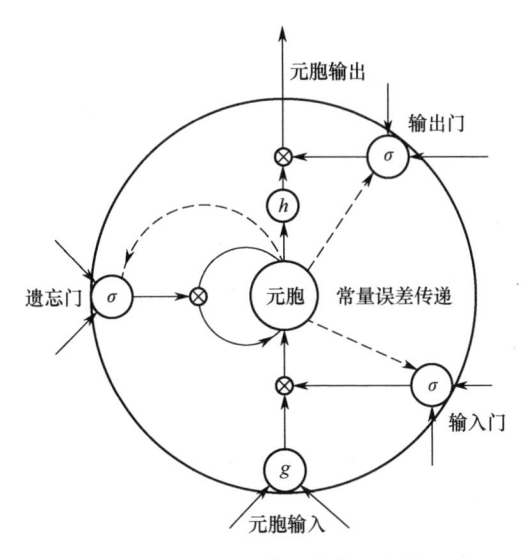

图 4-9　LSTM 单元结构示意图

如图 4-9 所示，在 LSTM 单元结构中，元胞中包含输入门、输出门、遗忘门。输入门、输出门分别用于控制数据特征的输入与输出，在信息流经遗忘门时，由遗忘门决定是否重置神经网络。这些门的行为操作都受元胞、上一时刻的隐藏层状态、上层输入的数据特征共同控制。元胞通过窥孔与这三个门进行连接，见图 4-9 中的虚线。

4.2.3 深度学习模型训练

在构建好深度学习模型，确定好网络深度等模型参数后，我们需要利用从仿真实验中获取的经过初步处理的样本数据对构建的深度学习模型进行训练。所谓训练模型，就是为了将网络中的连接、神经元等权重的误差进行调整，使得最终网络的输出结果不断与真实值靠近。下面对稀疏自编码器和深度学习模型的训练方法进行简要介绍。

1. 反向传播算法训练稀疏自编码器

在稀疏自编码器中添加去噪编码，能够有效提高数据特征提取的稳定性，减少样本噪声的影响。同时，为获取更具健壮性的数据特征，在网络的输入层使用去噪自编码加入局部损伤因子，对稀疏自编码器以仿真实验中获得的数据进行训练，令输入样本数据为 X，向输入数据中添加局部损伤因子，得到 χ，满足 $\chi = q_D(\chi|X)$，q_D 表示损伤因子分布形式；然后对 χ 进行编码得到隐藏层输出 y，其满足 $y = f_\theta(\chi)$；通过隐藏层重构输入，得到 Z，$Z = g_\theta(y)$；基于 X、Z，得到重构误差 $L = (X, Z)$。去噪编码流程如图 4-10 所示。

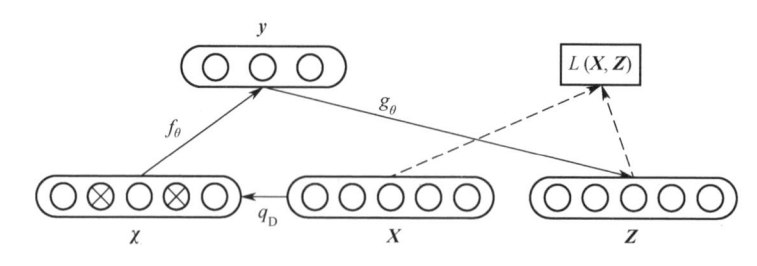

图 4-10 去噪编码流程

同时，为获取更具健壮性的数据特征，在网络的输入层使用去噪自编码加入局部损伤因子，并在降低稀疏自编码器重构误差的同时，引入反向传播算法，使得误差进一步缩小。

由此，构建的稀疏自编码器训练的具体步骤为：先输入从武器装备体系中获得

的样本数据 X，设置好训练过程中的各种参数，包括学习率、训练批量等，对权值矩阵 W 和偏移量 b 进行随机初始化，开始执行前向算法，然后计算所有输出层神经元的稀疏代价函数，得到计算值，执行反向传播算法，并不断更新连接权值。

为方便起见，记初始稀疏自编码器的参数为 $\theta=\{W^l,b^l|l=1,2,\cdots,L\}$，从仿真实验中获得的训练样本集记作 $X=\{x_i|i=1,2,\cdots,S\}$，对应获得的训练样本特征记为 $\chi=\{r_i|i=1,2,\cdots,S\}$，训练集上的损失函数（代价函数）为

$$E(\theta,X,\chi)=\frac{1}{S}\sum_{i=1}^{S}E(\theta,x_i,r_i) \quad (4-2)$$

式中，$E(\theta,x_i,r_i)$ 是一个损失函数，对应 x_i，损失函数的数学意义就是预测值与真实值之间的误差。因此，对模型进行训练就是为了使这个误差尽可能地降低。当损失函数为非凸函数时，为取得较好的训练效果，通常会使用尽可能多的数据对模型进行训练，因此通常采用梯度下降法。梯度下降法的核心思想是每完成一次处理数据样本后，就进行一次权重更新，是一种不断进行更新迭代的算法。假设在第 $t+1$ 次权重更新时使用了 x 作为本次迭代的训练集，对应提取出的特征信息为 r，记更新前的模型参数为 θ，为顺利使用随机梯度下降算法对模型进行训练，需要先计算 $\dfrac{\partial E(\theta,x,r)}{\partial \theta}$，然后利用经典反向传播算法求解该稀疏自编码器模型的梯度。

首先将 x 输入构建的神经网络，经由输入层、隐藏层，完成前向传播阶段的特征提取，获得输出 r，据此计算 E。此时，第 l 层的错误信号可以用以下公式计算：

$$e^{(l)}=\left.\frac{\partial E(\theta,x,r)}{\partial z^{(l)}}\right|_{\theta=\theta_t} \quad (4-3)$$

式中，$z^{(l)}=W^{(l)}z^{(l-1)}+b^l$，通过损失函数能够计算得到输出层的错误信号 $e^{(L)}$，对于隐藏层中的导数运算，利用求导的链式法则进行，具体公式如下：

$$e^{(l)}=\left.\frac{\partial E(\theta,x,r)}{\partial z^{(l)}}\right|_{\theta=\theta_t}\odot\frac{\partial h^{(l)}}{\partial z^{(l)}}=W^{(l+1)^t}\cdot e^{(l+1)}\odot f_i'(z^{(l)}) \quad (4-4)$$

式中，$h^{(l)}=f_i(z^{(l)})$，为第 l 层的激活函数；$\odot$ 表示逐元素乘法。从计算的过程中能够看到错误信号的传播过程，错误信号的传播方向与前向传播方向不同，它经由权值矩阵从第 L 层传播到第 1 层。最后，同样根据求导的链式法则，可以得到：

$$\left.\frac{\partial E(\theta,x,r)}{\partial W^{(l)}}\right|_{\theta=\theta_t}=\frac{\partial E(\theta,x,r)}{\partial z^{(l)}}\cdot\frac{\partial z^{(l)}}{\partial W^{(l)}}=e^{(l)}\cdot h^{(l)^{\mathrm{T}}} \quad (4-5)$$

$$\left.\frac{\partial E(\theta,x,r)}{\partial b^{(l)}}\right|_{\theta=\theta_t}=\frac{\partial E(\theta,x,r)}{\partial z^{(l)}}\cdot\frac{\partial z^{(l)}}{\partial b^{(l)}}=e^{(l)} \quad (4-6)$$

根据随机梯度下降算法的更新规则，稀疏自编码器的参数更新如下：

$$\theta(t+1) = \theta(t) - \gamma_{t+1} \cdot \left.\frac{\partial E(\theta, \boldsymbol{x}, \boldsymbol{r})}{\partial \theta}\right|_{\theta=\theta_t} \quad (4\text{-}7)$$

式中，γ_{t+1} 为本轮迭代使用的学习率，其值一般为[0,1]。通常在训练过程中为达到稳定训练并加快收敛速度的目的，将随机梯度下降算法与冲量技术相结合，将稀疏自编码器的参数更新修改为：

$$v(t+1) = \epsilon_{t+1} \cdot v(t) - \gamma_{t+1} \cdot (1-\epsilon_{t+1}) \cdot \left.\frac{\partial E(\theta, \boldsymbol{x}, \boldsymbol{r})}{\partial \theta}\right|_{\theta=\theta_t} \quad (4\text{-}8)$$

$$\theta(t+1) = \theta(t) + v(t+1) \quad (4\text{-}9)$$

$0 \leqslant \epsilon_{t+1} < 1$ 为本轮迭代使用的冲量系数，$v(0) = 0$。

另外，采用丢弃（Dropout）方法对稀疏编码器进行压缩，Dropout 的核心思想是使部分神经元不参与训练，实现过程为将隐藏层的神经元中的一部分"丢弃"，使这部分神经元不参与前向传播的训练过程，"丢弃"的比率需要提前设定。值得注意的是，这部分被丢弃的神经元并不没有从神经网络中剔除，其权值依然保留以备后用，只是被丢弃的神经元对前向或反向传播都没有影响了。

2. 基于集成学习的深度神经网络评估模型训练方法

利用经过处理后的仿真数据对深度神经网络评估模型进行训练，使深度神经网络评估模型具有评估体系效能值的能力，能够准确评估不同体系的效能值。模型训练是一个学习的过程，需要选择学习器以更好地学习数据的特征，从而获得更好的体系效能值。

对单一的学习模型来说，往往由于缺乏对比性，单个学习器的效果可能不太理想。在选择训练集时，部分异常值区间可能会对某一个模型的性能造成严重影响。将多个学习器融合成一个新的学习器就是集成学习的思想。在实际操作中，集成学习将不同的算法，按照不同的方式组合到一起，得到了一个学习效果比单个学习器好的机器学习的方法。

集成学习首先通过一定的策略生成多个分类器，生成的分类器都是基于某策略的"弱学习器"。对于弱学习器，我们做出如下假设：在进行训练时，不同的弱学习器产生的错误都是不相关的，且正确的个数多于错误的个数，因此当弱学习器不断增多时，结合后的错误率会明显降低，这就是集成学习具有优越性的原因。通过一定的策略将不同的弱分类器进行组合，可以得到一个准确率更高的"强学习器"。集成学习的过程如图 4-11 所示。

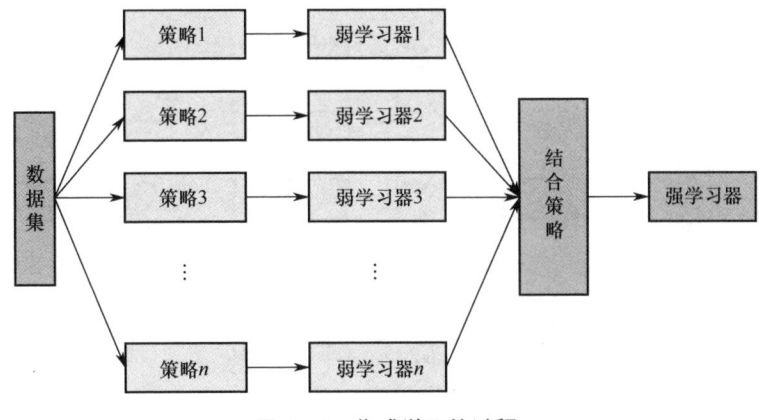

图 4-11 集成学习的过程

对集成学习来说，弱学习器的种类可以是相同的，也可以是不同的，所以得到弱学习器的方法有两种。

（1）当采用相同的策略生成若干弱学习器时，由于其生成策略相同，因此这类学习器都是同质的，具有相同的功能。

（2）对于不同种类的弱学习器，这类学习器是异质的，弱学习器通过不同的学习策略得到，不同种类的弱学习器也可以结合成强学习器。

根据弱学习器之间依赖关系的不同，集成弱学习器的策略也不相同。

（1）当多个弱学习器之间存在部分依赖关系时，只能采取串行生成的方式生成不同的学习器，如提升（Boosting）算法等。

（2）当多个弱学习器之间不相关联时，则可以采用并行生成的方式生成不同的学习器，如套袋（Bagging）算法等。

集成学习之所以叫集成，是因为它会将不同的弱学习器结合。集成的方法主要有平均法、投票法和学习法。

1）Bagging 算法

Bagging 算法是通过平均多个学习器来减少方差的集成学习算法。

Bagging 算法一般采用的是自助采样法，是随机有放回抽样，所以数据集中的样本有些可能会多次抽到，有的可能一次也抽不到。在抽取过程中，每个样本个体被抽到的概率是一样的，每次的抽取过程都是独立的，抽取样本后再将其放回，每次抽取的样本数量也是相同的，重复多次抽取。对体系效能评估任务可使用平均的方式来集成。

Bagging 算法的流程如图 4-12 所示。

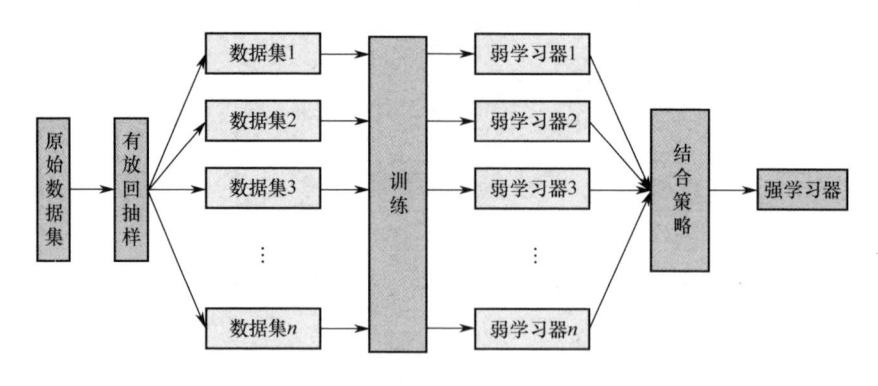

图 4-12　Bagging 算法的流程

从图 4-12 中可以看出，首先对原始数据集进行有放回抽样，一共抽取 n 轮，生成 n 组数据集。利用这 n 组数据集分别进行训练，同时保证训练过程中采用的策略相同，就能够得到 n 个弱学习器，再通过一定的结合策略将弱学习器结合成一个强学习器，从而可使用该学习器对构建的深度学习评估模型进行训练。

2）随机森林（Random Forest）算法

随机森林算法是机器学习技术中常见的一种算法，应用广泛，其本质是一种基于决策树的集成学习算法。随机森林算法的核心思想就是在原始数据集中开展随机采样，同时构建足够多的决策树，根据决策树输出结果，将输出结果进行有机结合，得到最后集成学习的输出值。其随机性主要体现在两个方面：一是在从原始数据中抽取样本时是随机的；二是在对决策树进行构建时随机从整体数据集中选取了特征。正是因为这两个随机性降低了随机森林算法在训练的过程中出现过拟合现象的概率。

随机森林算法的流程如图 4-13 所示。

随机森林算法的步骤如下。

（1）在训练数据集中选取部分数据用于训练，将这部分数据的数量记为 m，同时注意 m 要远小于数据集中的数据量 M。

（2）从全部的特征中选取 p 个特征，作为需要构建的特征，p 要远小于全部特征的数量 P。

（3）选择输入的数据和选择的特征构建决策树。

（4）重复进行 n 次，得到大量的决策树，用集成的策略对决策树进行集成构建随机森林。

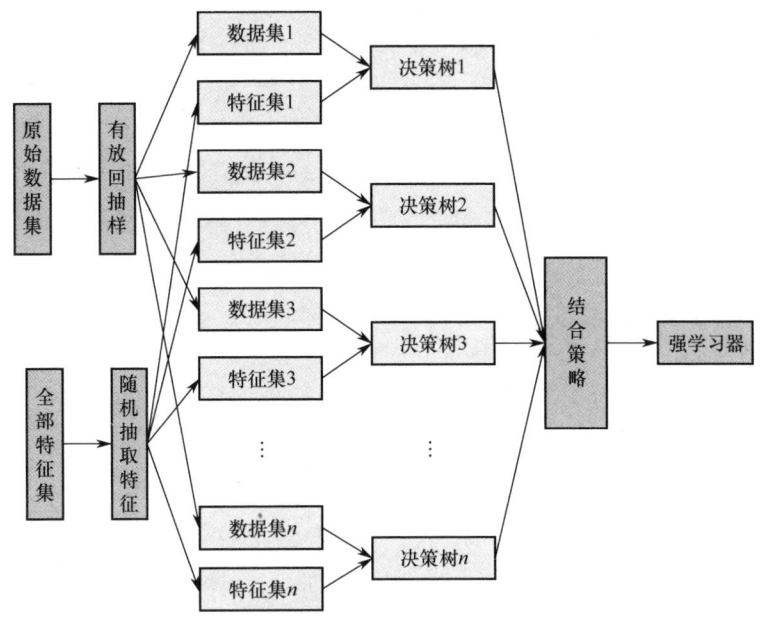

图 4-13 随机森林算法的流程

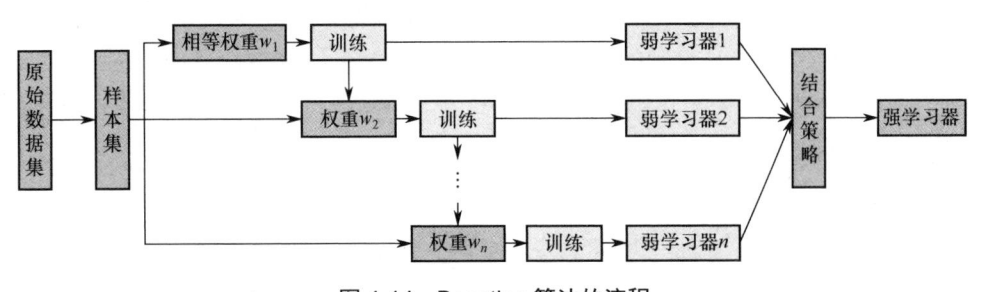

3）Boosting 算法

Boosting 算法能够将弱学习器通过集成的方式，转化为强学习器。它的思想是给每个样本分配权重，在每轮学习后，对权重进行调整，对于分类正确的样本，调低其权重，反之则调高，直到迭代停止或者满足条件为止。这样就可以得到强分类器。

与 Bagging 算法不同，Boosting 算法在选取样本时，每轮训练过程中的样本数量是固定的，只对样本的权重进行调整，调整规则基于上一轮的学习结果。在运行上它们也不相同，Bagging 算法可以并行训练所有的弱学习器，而 Boosting 算法需要串行训练弱学习器，因为下一轮的学习需要基于上一轮训练的偏差得到的权重。

Boosting 算法的流程如图 4-14 所示。

图 4-14 Boosting 算法的流程

Boosting 算法的步骤如下。

（1）从原始数据集中选取一个固定的样本集，给样本集中的每个数据分配一个相等的权重，利用该带有权重的数据集基于某策略开展训练，从而得到弱学习器1。

（2）基于弱学习器的误差，对权重进行更新，得到权重 w_2，误差率高的训练集分配一个较高的权重，这样会使训练错误的样本在后面的训练中得到更高的重视度。

（3）更新权重后使用相同的样本进行第二轮训练。重复训练直到达到所需的弱学习器的数量为止。

（4）最后将所有的弱学习器进行集成，得到最终所需的强学习器。

下面介绍投票法、平均法和学习法。

（1）投票法

投票法的核心思想类似于投票表决，都是少数服从多数，据此决定最终结果。最终的分类类别就是预测结果中占比最多的类别。如果出现最高占比相同的情况，则任意选择其中一个类别作为最终的类别。

它包括绝对多数投票法，其不仅要求最高票数，还要求获票数超过总票数的50%，才能够将其定为最终类别。

还有一种加权投票法，这是更加复杂的一种投票方法，得到弱学习器的投票后还需要根据每个弱学习器的权重计算加权后的票数，最终类别由加权票数最多的类别当选。

（2）平均法

平均法的基本思想是对几个弱学习器的输出求平均值以获得最终预测输出。

（3）学习法

学习法就是将上述两种比较简单的方法进行二次结合，一种比较常见的结合方式就是堆叠，当使用堆叠策略时，并不是利用简单的逻辑关系对弱学习器进行处理，而是在一个弱学习器的基础上增加一层学习器。具体原理是，将第一层弱学习器的输出作为下一层学习器的输入，同时把训练集原本的输出作为新增加学习器的输出，开展训练，从而获得结果。在这个过程中，原始的弱学习器称为初级学习器，新增加的一层学习器称为次级学习器。学习法的思想就是利用初级学习器预测得到次级学习器的输出，再利用次级学习器预测得到最终的结果，学习法的流程如图4-15所示。

不同的学习器具有不同的优缺点，采用基于集成学习的思想对模型进行训练，能够集合不同学习器的优点，从而获得一个学习效果比单个学习器更好的学习方法。

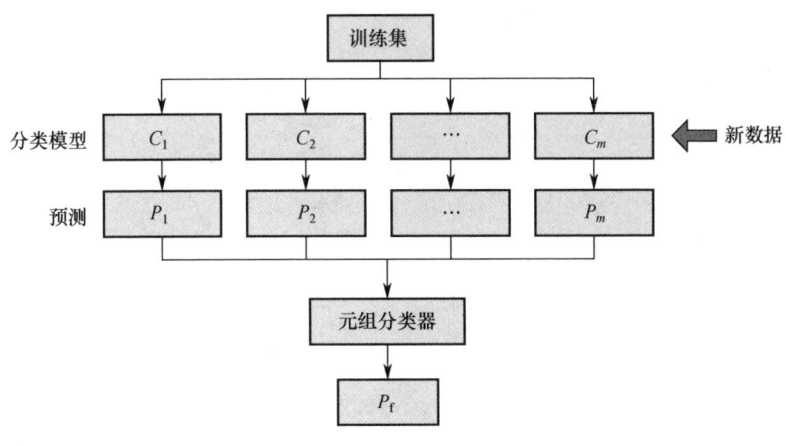

图 4-15 学习法的流程

4.2.4 深度学习模型优化技术

对于构建好的深度学习模型,其中大部分是包含若干隐藏层和神经元的神经网络,可能会存在一定的冗余性,造成算力浪费。减少网络的冗余层次对缩减计算成本有着重要的作用。在保证现有武器装备灵敏度分析模型性能基础不变的前提下,对复杂的深度神经网络模型进行压缩和优化是减少冗余参数和计算成本的有效方法。接下来,介绍几种用于模型结构优化的方法。

1. 剪枝

剪枝是通过修剪神经网络中的连接,将一个复杂度很高的网络转变为一个复杂度较低的网络,它能有效压缩模型的大小,并在一定程度上解决了过拟合的问题。针对构建的深度学习模型可采用的剪枝方法有多种,如随机的剪枝方法。随机的剪枝方法的思想是在训练过程中,设定一个阈值,根据此阈值对不重要的连接进行修剪,完成后重新训练整个模型,以此来实现压缩参数。但是由于该方法带有随机性,通常压缩参数后会导致训练效果下降,所以有研究人员提出了结构化剪枝的方法。结构化剪枝的方法是基于对神经元加上稀疏正则来开展的,为取得较好的剪枝效果,该方法首先使用组稀疏方法对分组特征添加稀疏正则来修剪权重矩阵的列,再通过排他性稀疏来增强组间竞争。

2. Dropout

在训练过程中,Dropout 在传播过程中被使用,通过设定丢弃率来随机决定是否将提取的特征传输到下一层。如图 4-16 所示是 Dropout 的过程示意图,设定丢弃

率为 P，一般情况下 P 值取 0.5。

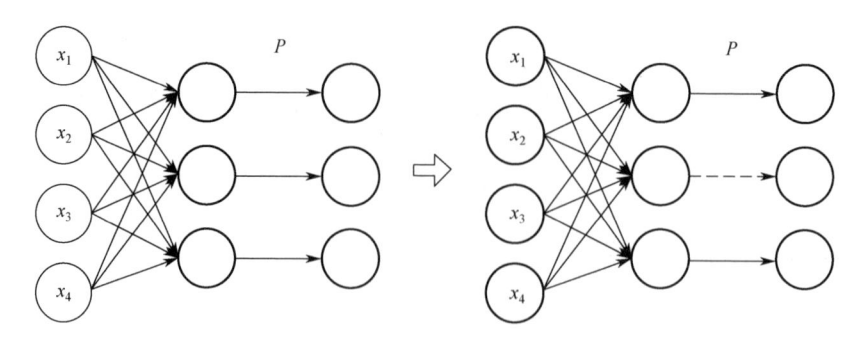

图 4-16　Dropout 的过程示意图

此外，还有一种丢弃方式是 Drop Connection，Drop Connection 的思想是丢弃神经元之间最小的权重连接，能够有效对神经网络的参数进行压缩，其工作原理如图 4-17 所示。

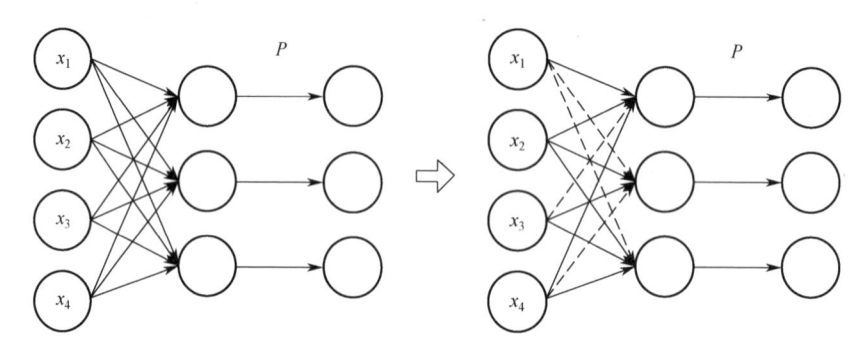

图 4-17　Drop Connection 工作原理

对于这两种不同的丢弃方式，经过实验表明，在一个深度神经网络（DNN）中通过 Dropout 可以有效地减少冗余参数，同时保证训练的准确率不变，甚至会有所提升。Dropout 方法操作简单，便于实现，也能够取得较好的效果。

针对不同的深度学习模型，可以综合上述不同的深度模型优化方法来优化深度模型的结构，使模型冗余更少且更高效。

4.2.5　深度学习模型建模示例

从仿真实验中获得的数据样本具有数据量较少、复杂度高、多源异构且噪声较高的特点，结合上述几种深度学习模型，针对某武器装备体系贡献率评估问题，进行深度学习建模。某武器装备体系贡献率评估模型总体结构示意图如图 4-18 所示。

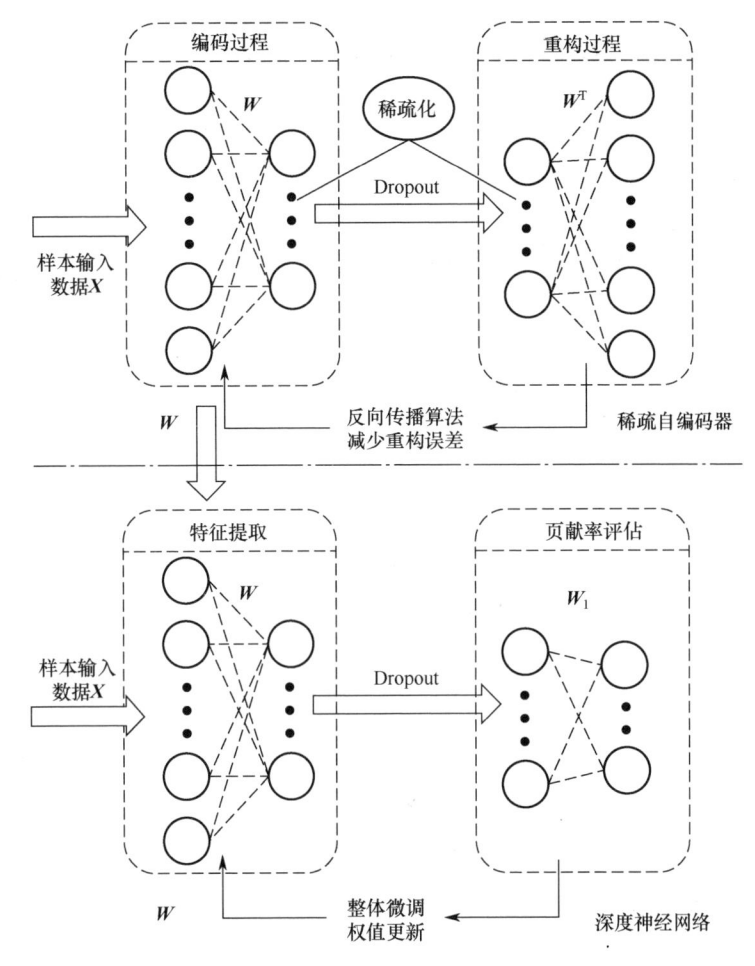

第 4 章　基于深度学习的武器装备体系数据评估方法

图 4-18　某武器装备体系贡献率评估模型总体结构示意图

首先对该模型中包含的稀疏自编码器进行构建。

其流程是先构建一个自编码器，在此基础上添加稀疏惩罚项，为模型中添加稀疏约束条件，使得模型能够提取数据中相对清晰的数据特征信息，从而能够更好地对数据特征进行表达。

稀疏自编码器具体的构建思路为：构建一个多层神经网络，其结构中包括数据输入层、隐藏层、特征输出层，然后选择合适的激活函数（可选择 sigmoid 函数）；将引入的稀疏惩罚项加在编码器代价函数中，使其能够控制隐藏层中激活的神经元数量；通过最小化稀疏代价函数得到优化的权重和偏移量。

其次是对模型中深度神经网络进行构建。

在深度神经网络中，相邻的网络层之间的神经元都是相互连接的，数据经过前一层神经元被提取的特征会作为下一层神经元的输入，不断传播，直至输出层，至此训练也就完成了。

此外，可以采用 Dropout 中的 Drop Connection 方法对稀疏自编码器和多层神经网络模型进行压缩优化。

4.2.6 建模精度与训练结果分析

1. 分类问题评价指标

在开展深度学习模型的训练过程中，通常需要对训练结果进行评价，对于常见的评价指标，需要了解其意义。评价指标包括：混淆矩阵（Confusion Matrix）、准确率（Accuracy）、精确率（Precision）、召回率（Recall）、平均精确度（Average Precision，AP）、平均精度均值（mean Average Precision，mAP）。

（1）混淆矩阵（Confusion Matrix）

混淆矩阵是评价训练结果的常用指标，能够清晰地表现训练的精度，其形式是一个 n 行 n 列的方阵。对于一个混淆矩阵，纵向是数据集的实际值，横向是模型的预测值，矩阵对角线上是预测值与实际值相等的数量，因此通过混淆矩阵能够直观地展示训练结果，模型的准确率就等于矩阵对角线上值的和除以总的测试集数据量。可见，通常情况下对角线上的数值都是越大越好，对角线上的数值越大，在画出来的直观图形中的颜色就越深，也就代表模型的预测准确率越高。从行的角度来看，每行的数据中不在对角线位置的数据就是预测错误的数据。从总体上来说，我们想要得到尽可能高的对角线数据，其余数据则是尽可能低。

在二分类问题中，数据集中值包含两种类型的数据，因此经过训练得到的结果也只有两类，对于真实值和预测值不同的组合情况，可以得到表 4-1 所示的四种组合类型。

表 4-1 预测值组合类型

混淆矩阵		真实值	
		Positive	Negative
预测值	Positive	TP	FP
	Negative	FN	TN

在此基础上就能够得到二分类问题的四类基础指标，即 TP、FN、FP、TN。下面以二分类问题对这四类基础指标进行解释。首先假设二分类问题的两种数据情况分别为类型一和类型二，代表正负两种样本，基于此，四个指标分别如下所述。

真实标签为类型一，预测分类为类型一的数目为 True Positive（TP）；

真实标签为类型一，预测分类为类型二的数目为 False Negative（FN），也被称为第一类错误；

真实标签为类型二，预测分类为类型一的数目为 False Positive（FP），也被称为第二类错误；

真实标签为类型二，预测分类为类型二的数目为 True Negative（TN）。

在分类预测问题中，都期望模型能够获得更高的准确率。那么根据以上四个预测结果指标，我们希望带有 True 的结果越多越好，也就是指标中的 TP 与 TN 值越高，其余带有 False 的值越低。因此，当获得模型的混淆矩阵后，我们要重点关注有多少预测值落在了矩阵中第二象限和第四象限的位置，值越多说明我们构建的模型预测效果越好，反之则越差。

（2）准确率（Accuracy）、精确率（Precision）、召回率（Recall）

① 准确率（Accuracy）

在某些单标签分类预测问题中，每个数据样本都属于某个标签分类，这个标签是确定的，利用模型预测到数据属于该标签就是预测正确，反之则预测错误，在这种情况下，预测准确率（Accuracy）就是最直观的评估指标，其计算公式如下。

$$\text{Accuracy} = \frac{TP + TN}{TP + FP + FN + TN} \quad (4\text{-}10)$$

式（4-10）表示预测正确的数据量占所有预测数据量的比值，即预测的准确率。

② 精确率（Precision）、召回率（Recall）

如果只考虑正样本的指标，则有两个常用的指标，即精确率（Precision）和召回率（Recall）。

$$\text{Precision} = \frac{TP}{TP + FP} \quad (4\text{-}11)$$

$$\text{Recall} = \frac{TP}{TP + FN} \quad (4\text{-}12)$$

精确率的含义是在所有预测为 True 的样本中，其真实标签确实为 True 的数据的占比情况；召回率的含义是在所有的真实标签为 True 的数据中，由模型将其预测为 True 的数据的占比情况。

精确率与召回率之间存在相互影响的关系，如果想要得到更高的精确率，就需要将模型预测的置信率增高，这样置信率较高的样本就会显示出来，但会导致某些置信率较低的 TP 样本被隐藏。通常，精确率与召回率之间呈相反的关系，二者中一个高，另一个就低，反之亦然，当二者都高或都低时，一般是模型出现了问题。使用不同的置信率，记录不同置信率下的精确率和召回率，据此画出 P-R 曲线，如图 4-19 所示。

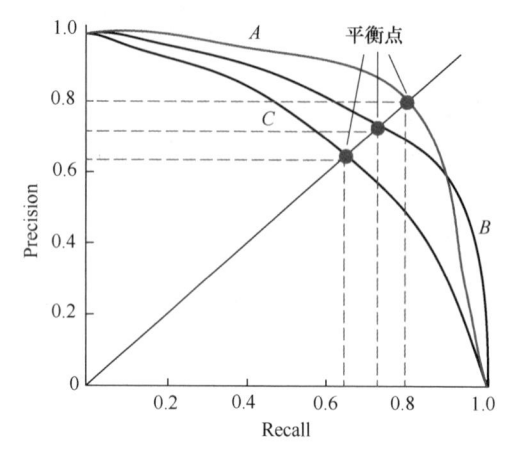

图 4-19　P-R 曲线

在图 4-19 中，纵轴代表精确率，横轴代表召回率，模型的性能可以直观地从图中看出，P-R 曲线与两坐标轴围成的面积越大，表明模型的预测性能越好。

当一个预测模型的性能优秀时，模型的精确率和召回率应当有如下关系。当召回率增长时，精确率会处于并保持在一个较高的水平。当模型性能较差时，召回率的提升会出现精确率变化较大（一般是显著降低）的情况。因此，在关于分类预测的文章中都会通过 P-R 曲线来展示二者之间的关系，以直观地展示模型的性能。

在比较两个学习器的性能时，将两个学习器的 P-R 曲线放在同一坐标系下，如果其中一个学习器的 P-R 曲线位于另一个学习器的 P-R 曲线的上方，则可以说前者的性能优于后者，如图 4-19 中曲线 A（代表 A 学习器）位于曲线 C（代表 C 学习器）的上方，所以 A 学习器的预测性能比 C 学习器的好。

（3）F_1-score、平均精确度（Average Precision，AP）、平均精度均值（mean Average Precision，mAP）

关于如何判断 A 学习器与 B 学习器的性能哪个更好，可以通过以下思路考虑。A、B 两条曲线存在交叉点，难以直观地看出二者中哪一个与坐标轴围成的面积更大。关于这个面积，其在一定程度上表示了某学习器的精确率和召回率均取到较高水平的比值，但并不利于计算。为了计算这个面积，通常会引入"平衡点（BEP）"的概念，BEP 表示精确率与召回率相等时的取值，BEP 越大，表示模型的预测性能越好。其实当遇到难以比较模型性能的情况时，利用 BEP 来进行判断还是比较简易的，通常会计算 F_1 值，其计算公式如下。

$$F_1 = \frac{1}{\frac{1}{P}+\frac{1}{R}} = \frac{2PR}{P+R} \qquad (4\text{-}13)$$

从计算公式中可以看出，F_1 值实际上对精确率和召回率都有关联，计算也较为简单，比计算 BEP 更加常见。

在 P-R 曲线图中，曲线与坐标轴围成的面积的意义是平均精确度（AP）。一般情况下，性能越优秀的学习器，其曲线下覆盖的面积就越大，也就是说，在同样的条件下，AP 值高的学习器的性能优于 AP 值低的学习器。

平均精度均值（mAP）指的是多个类别下 AP 的平均值，根据其性质，mAP 的值一定位于[0,1]区间内，且其值越大，代表模型的性能越好。mAP 也是评价模型预测性能的常用指标，其计算公式如下。

$$\text{mAP} = \frac{1}{|Q_R|} \sum_{q \in Q_R} \text{AP}(q) \qquad (4\text{-}14)$$

影响 mAP 的因素有四点：一是用于训练的数据集本身存在一定的问题；二是训练集的数据量较少；三是标签注明不够准确；四是模型本身的属性。

但有时即使增多训练集的数据量，mAP 的增幅也不显著增加。对于同样的训练集，选用不同的预测模型时，mAP 也会有所不同。

2. 回归问题评价指标

现阶段在使用深度学习模型实现某种功能的过程中，训练过程常采用分类或回归损失函数，损失函数的选择在优化和训练过程中是十分重要的。目前，在一些计算机语言中可自行安装已经实现的深度学习损失函数，稍加调试就能够放入模型中使用，如 Python 语言。需要关注的问题是，如何选择科学合理的函数值作为深度学习模型的损失函数，从而实现加快训练拟合过程，提高计算效率的目的。

（1）损失函数定义及常见的损失函数

在深度学习模型的训练过程中，模型预测值与实际样本值之间的差值就是损失函数的值。损失函数能够表征模型预测值与实际值之间的误差，通常以损失函数的变化情况作为训练过程的直观表现，当图像趋于平缓时，则表示训练结束。通常，训练结束时的损失函数值越小，模型的性能也就越好。损失函数的函数类型、公式并不是一成不变的，需要根据影响因素进行抉择，这些影响因素包括深度学习模型类型、数据结构、求导的难易程度等。通过选择合理的损失函数来提高模型训练的效果。

下面介绍几种常见的损失函数，并进行举例说明，加以对比。

① 均方误差（Mean Squared Error，MSE）

均方误差（MSE）作为损失函数中的代表，其主要思想是对误差的平方进行求和，即对预测值与真实值之间绝对误差的平方进行求和，再取平均值，能够避免出现负数，其公式如下。

$$\text{MSE} = \frac{1}{n}\sum_{i=0}^{n}(y_i - y_i^0)^2 \tag{4-15}$$

下面针对 MSE 给出一个具体例子，并进行画图说明。在此实例中，实际值为100，将预测值范围设置为-10000~+10000，据此计算 MSE，求得 MSE 值并画出如图 4-20 所示变化图。在该图中，横轴代表预测值，纵轴代表损失函数值。

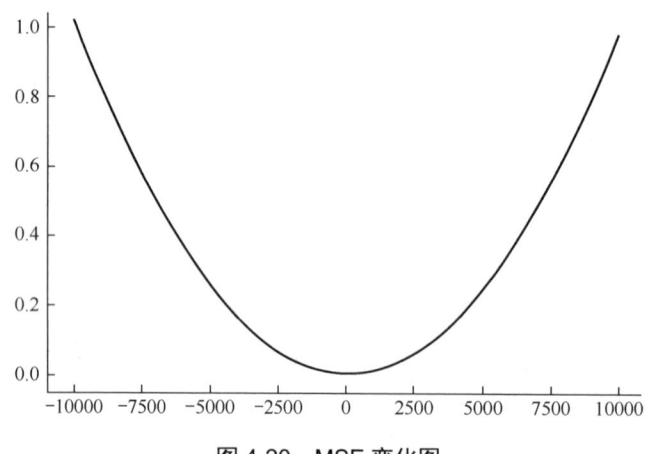

图 4-20 MSE 变化图

从图 4-20 中可以看出，MSE 随误差的变化是平滑的，连续且可导，还可以看出，随着误差值的下降，曲线的导数值也逐渐下降，梯度变小了，这能够加快函数收敛，从而加快训练进程。

② 平均绝对值误差（Mean Absolute Error，MAE）

另一个常见的回归损失函数是平均绝对值误差（MAE），MAE 的计算原理是对实际值与预测值之间的绝对值进行求和，再取平均值，其公式如下。

$$\text{MAE} = \frac{1}{n}\sum_{i=0}^{n}|y_i - y_i^0| \tag{4-16}$$

同样，利用前文中的具体示例，实际值为 100，将预测值范围设置为-10000~+10000，求得损失值 MAE 并将其绘制于坐标系中，如图 4-21 所示。

图 4-21　MAE 变化图

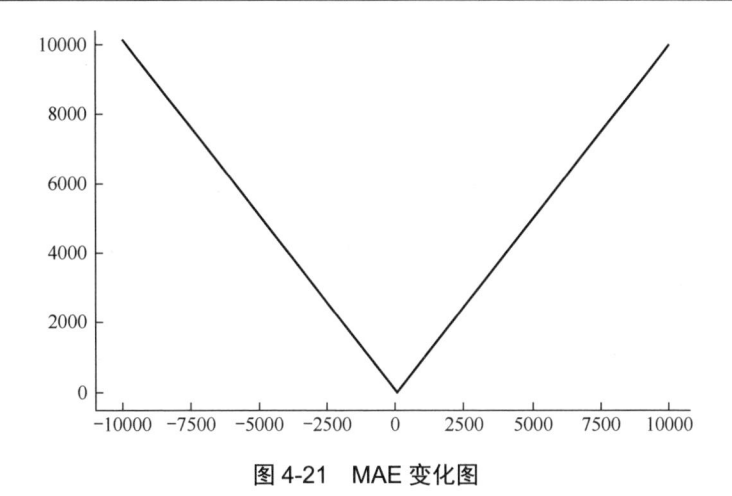

从图 4-21 中可以看出，MAE 的函数图像是呈 V 字形的折线，图像连续但在损失值为 0 的点不可导，函数的导数值的绝对值相同，因此，由于其下降梯度不变的性质，可能会导致训练结果难以收敛，但是与 MSE 相比，MAE 对某些离群点更具包容性。

（2）MSE 与 MAE 的差异比较

① MSE 与 MAE 存在差异的原因分析

从上述同一示例的结果对比中可以看到，MSE 与 MAE 之间存在一定的差异，其差异根源在于两者导数的情况。对产生这种差异的原因，做以下分析。

在深度学习训练过程中，损失函数的函数值就代表着整个训练中的误差变化，当预测值与真实值越接近时，损失函数值越小，误差也就越小。

为直观地对二者进行理解，通过最小化损失函数对所有的样本点给出一个预测值。对于 MSE，这个预测值一定是所有目标值的平均值；而对于 MAE，这个预测值一定是所有目标值的中位数。从数学知识上来看，中位数比均值更稳定，更具健壮性。因此，当预测值中包含异常值时，MAE 比 MSE 更稳定，更具适用性。

② 神经网络学习方面二者差异分析

在神经网络的学习过程中，二者的差异在于训练的梯度变化与否。MAE 存在其训练梯度始终相同的情况，当损失函数值已经足够小时，其梯度依然不变，处于一个较高水平，这种情况并不利于训练收敛。而 MSE 则具有变化的梯度，当误差不断变小时，其收敛梯度也在逐渐减小。

对 MAE 而言，可以采用变学习率的方法解决这个问题，即在训练过程中使用的学习率是随着训练进程不断变化的。

（3）小结

在损失函数中，最常见的两种就是 MSE 与 MAE，其主要作用是衡量模型的训练效果，但是二者也都存在一些缺点，如 MSE 对异常值的评估效果较差，MAE 在训练误差较小时收敛情况较差等。对于二者的选择，可以根据实际情况进行。另外，损失函数还有 L1 损失函数、huber 损失函数、softmax 损失函数等。

3. 深度学习模型训练结果

在训练的过程中，随着迭代次数不断增加，相应的评估指标会逐渐趋于收敛，如精确率（Accuracy）会逐渐上升至平缓，而损失值（如 mae、mse）会逐渐下降至平缓。

在训练迭代进程中，在不考虑训练数据问题的前提下，对深度学习模型训练的结果进行改进。

（1）模型在训练集上误差较大

解决方法：①选择新的激活函数；②使用自适应的学习率。

（2）在训练集上表现很好，但在测试集上表现很差（过拟合）

解决方法：①减少迭代次数；②正规化（Regularization）；③丢弃法（Dropout）。

（3）通过 loss 值与 val_loss 值判断训练情况

通常回调显示的 loss 有很多种，有时一个总 loss 是多个子 loss 的加权求和。但本书主要讲解最基础的训练情况（只有一个训练 loss 和一个验证 loss）。下文用 loss 代表训练集的损失值，在网络中用于更新网络参数；val_loss 代表验证集的损失值（有时也写成测试集损失 test_loss）不对网络参数做修改，只做测试。

一般训练规律如下。

loss 下降，val_loss 下降：训练网络正常，理想情况。

loss 下降，val_loss 稳定或上升：网络过拟合。解决办法：①数据集没问题，可以向网络"中间深度"的位置添加 Dropout 层，或者逐渐减少网络的深度（靠经验删除部分模块）；②数据集有问题，可将所有数据集混洗重新分配，通常开源数据集不容易出现这种情况。

loss 稳定，val_loss 下降：数据集有严重问题，建议重新选择，一般不会出现这种情况。

loss 快速稳定，val_loss 快速稳定：在数据集规模不小的情况下，代表学习过程遇到瓶颈，需要减小学习率（自适应动量优化器小范围修改的效果不明显），其次要考虑修改 batchsize 数量。如果数据集规模很小，则代表训练稳定。

loss 上升，val_loss 上升：可能是网络结构设计问题、训练超参数设置不当、数据集需要清洗等。这属于训练过程中最差的情况，需要逐个排除问题。

4.3 基于深度学习的武器装备体系效能评估

本节对利用深度学习方法评估武器装备体系效能的技术流程进行研究，并选取了海陆空联合作战体系进行案例验证。

4.3.1 基于深度学习的武器装备体系效能评估流程

在对待评体系进行分析，完成指标体系构建，通过仿真实验获得仿真实验数据后，利用深度学习模型对体系效能进行评估，具体评估流程如图 4-22 所示。

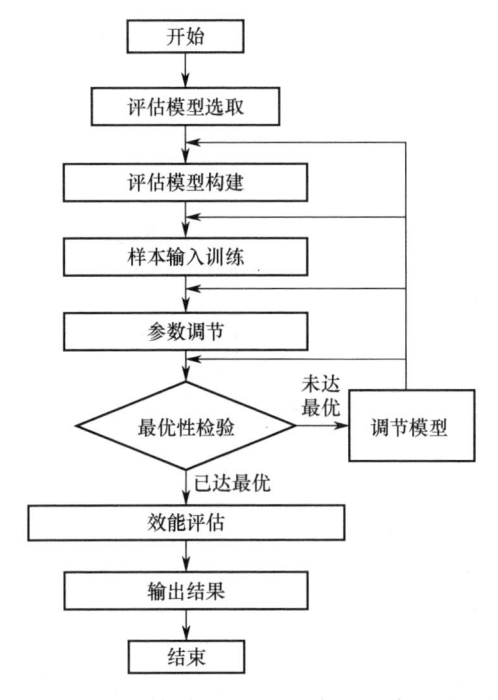

图 4-22 基于深度学习的武器装备体系效能评估流程

（1）评估模型选取

当开展基于深度学习的武器装备体系效能评估时，首先需要选择用于评估的深度学习模型。通常可以构建多种深度学习模型，而后进行对比试验，择优使用。深度学习模型的类型在前文中已经进行了介绍，包括多层神经网络模型、卷积神经网络模型、自编码器、稀疏自编码器、递归神经网络模型、长短时元胞递归神经网络等诸多类型,在选取模型类型时,可以选取某一种类型的模型,或者将多种模型进行组合以提高模型精度。选取模型的主要原则:一是根据样本数据的多少;二是根据样本数据特征。

(2)评估模型构建

选定模型后,开始构建深度学习模型。深度学习模型结构中的关键参数主要包括:①隐藏层数量;②每层网络的神经元数量;③每层网络的激活函数。在确定这些结构参数时,也需要结合样本数据类型、特征来进行设计。

目前,实现深度学习方法的计算机语言主要是 Python,通过 Python 中的代码模块,可以轻松实现深度学习模型的构建。常用的几个代码模块包括 Keras、PyTorch 等。

Keras 是基于 Python 的一个代码模块,能够在使用 Python 构建深度学习模型时进行调用,其中包含多类型的深度学习模型。其内置模型包括 CNN、RNN、LSTM、DNN 等,并且支持不同类型网络之间的组合。Keras 还具有以下特点:一是支持选择训练开展的设备位置,即 CPU 或 GPU;二是代码形式简单直观,每层网络的结构、神经元个数一目了然;三是支持模型保存、训练结果保存等功能。

Torch 同样是 Python 中的一个代码模块,其中包含大量机器学习算法、深度学习算法,是一个张量操作库。PyTorch 是在 Torch 的基础上开发的开源神经网络库,能够用于神经网络搭建、自然语言处理等领域。其优势在于:PyTorch 具有很强的灵活性,代码简洁、便于封装、易于理解和调试,支持自定义拓展等。同时,PyTorch 上手较快,只要掌握基本的深度学习知识以及 Numpy 库的使用就能够进行深度学习模型搭建,对初学者友好。

(3)样本输入训练

完成模型构建后,模型参数设置为初始值,将处理后的样本数据输入模型进行训练。

(4)参数调节

深度学习模型中可以进行调节的参数包括学习率、训练批量、训练批次、模型隐藏层层数、神经元数量、激活函数等。在初始参数下进行模型训练后往往得不到最佳的训练效果,需要对参数进行调节。

(5)最优性检验

每调节一次参数,模型的训练结果就会发生变化,通过多次参数调节找到训练结果最好的模型,对模型进行测试,已达最优后利用训练好的深度学习模型对武器装备体系进行效能评估。

（6）效能评估

利用训练好的模型实现对武器装备体系的效能评估，即输入待评估体系的输入参数值，模型自动输出体系的效能值。

4.3.2 基于深度学习的武器装备体系效能评估案例分析

1. 案例数据描述

本节以海陆空联合作战体系为例，基于 DNN 对其体系效能进行评估，并对整个评估流程进行描述。为了得到准确的评估结果，根据指标数据取值规律构建数据生成模型，海陆空联合作战体系效能如图 4-23 所示，样本指标取值情况如表 4-2 所示。

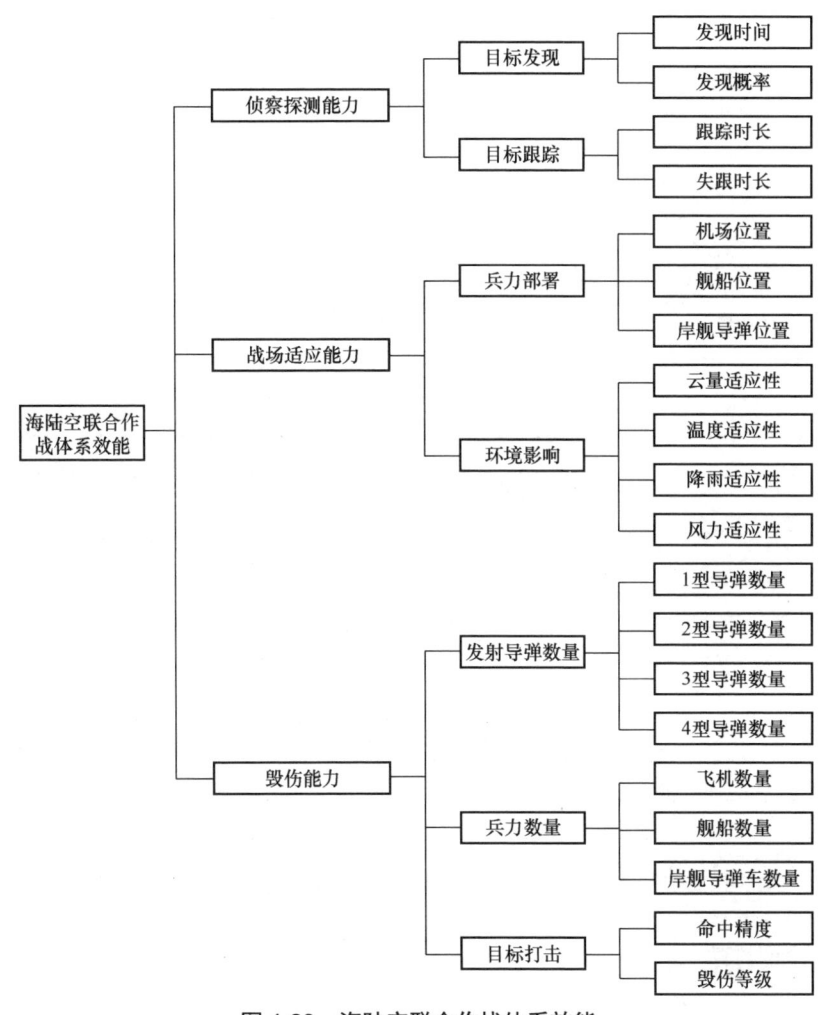

图 4-23 海陆空联合作战体系效能

表 4-2 样本指标取值情况

指标名称	单位	均值	方差
发现时间	小时	4	0.15
发现概率	—	0.87	0.06
跟踪时长	小时	4	0.85
失跟时长	小时	4.6	0.40
机场位置	千米	190.60	367.42
舰船位置	千米	180.86	368.92
岸舰导弹位置	千米	72.88	51.29
云量适应性	—	3.15	3.10
温度适应性	摄氏度	26.50	9.27
降雨适应性	—	2.15	3
风力适应性	—	2.65	3.2
1 型导弹数量	枚	2	0.13
2 型导弹数量	枚	3	3.45
3 型导弹数量	枚	8	1.02
4 型导弹数量	枚	8	1.08
飞机数量	架	7	13.82
舰船数量	艘	4	1.12
岸舰导弹车数量	辆	2	0.29
命中精度	—	0.84	0.1
毁伤能力	—	0.7	0.1

通过仿真实验设计海陆空联合作战体系仿真场景得到相应的效能值输出，共得到 2500 条数据。该 2500 条包含输入因素及输出因素的数据，并一起构成了仿真实验数据。选取一次打击条件下的指标数据值和其他相应的打击效能值，作为一条样本。

深度学习模型具有黑箱性质，通过 20 个基础评估指标能够直接得到 3 个效能度量指标。效能度量指标仿真结果如表 4-3 所示。

表 4-3 效能度量指标仿真结果

指标名称	单位	均值	方差
侦察探测能力	—	0.49	0.16
战场适应能力	—	0.72	0.1
毁伤能力	—	0.54	0.05

2. 模型构建

根据本书所采集的数据情况，数据样本共 2500 条，输入端为 20 个参数，输出端为 3 个效能值，本书构建的深度神经网络模型由 1 个输入层、2 个隐藏层及 1 个输出层组成。为降低过拟合现象，在每层网络之间加入 Dropout 层，丢弃比率设置为 0.5。为加快训练时的收敛速度，将隐藏层激活函数设置为 ReLU，输出层激活函数设置为 Sigmoid。深度神经网络（DNN）的结构及每层网络的神经元数量如图 4-24 所示。

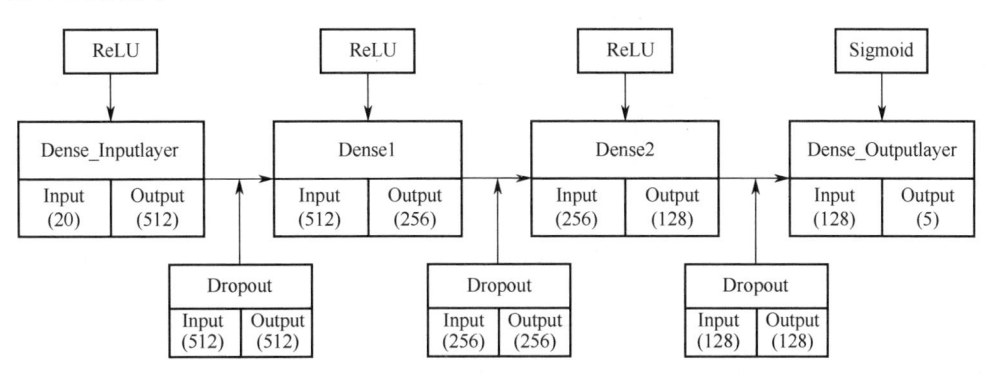

图 4-24　DNN 的结构及每层网络的神经元数量

3. 基于 DNN 的体系作战效能评估

对原始的 2500 条数据进行处理，得到 2500 条训练样本，将其中 2200 条数据作为训练集，200 条数据作为验证集，剩余的数据作为测试集。DNN 模型的主要参数见表 4-4。

表 4-4　DNN 模型的主要参数

参数	参数取值
学习率	0.1
批次大小	20
训练次数	60

模型的损失值以及均方根误差（RMSE）值变化情况（DNN 模型训练结果）如图 4-25 所示。

可以看出，随着训练次数的增加，模型的损失值与均方根误差值逐渐收敛，最终 loss 为 0.04，RMSE 为 0.06。利用训练好的模型评估体系作战效能值，以作战效能度量指标中侦察探测能力为例，模型的预测值与真实值对比如图 4-26 所示。可以看出，预测值与真实值基本拟合，模型取得了较好的评估效果。

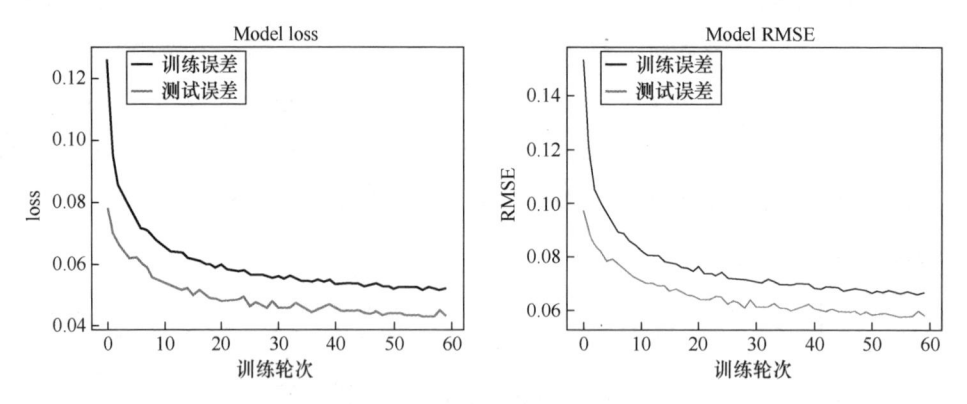

图 4-25　DNN 模型训练结果

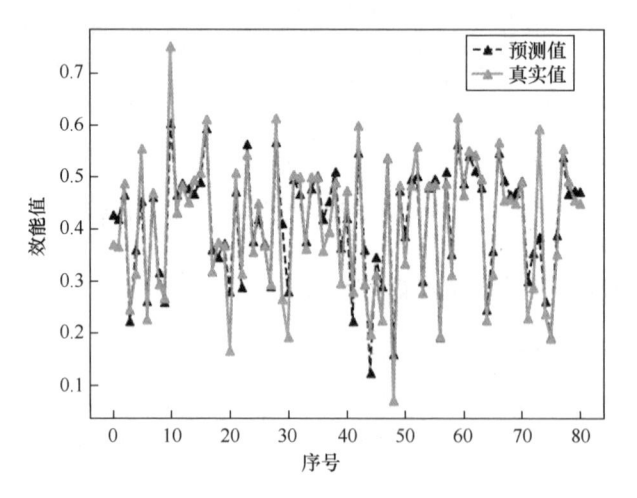

图 4-26　侦察探测能力预测值与真实值对比

第 5 章

武器装备体系效能灵敏度分析

本章对灵敏度的相关问题进行研究，并且对常见的用于武器装备体系效能灵敏度分析的方法进行总结，提出基于深度学习的灵敏度分析方法，最后通过案例对技术流程进行验证。

5.1 灵敏度分析要素

灵敏度分析要素包括灵敏度分析的概念，以及需要进行灵敏度分析的体系指标参数。

5.1.1 灵敏度分析的概念

灵敏度是指通过某种模型或公式计算得到自变量对因变量的影响程度，灵敏度分析是指计算和分析某些体系参数值变化带来的体系输出变化大小的方法，借此来表征体系参数对整体体系的影响大小。开展武器装备体系效能灵敏度分析可以通过计算得到体系中各个参数对整体效能的影响程度，从而分析出体系中的重要参数，为武器装备体系发展、装备论证等提供指导。

在一个体系中，体系输出值由于不同体系参数或特征的改变会产生不同的变化幅度，通过这种变化幅度就能够看出不同体系参数或特征的灵敏度大小。对于灵敏度分析过程的数学描述如下。

$$y = F(x), \quad \delta = \lim_{\Delta x \to 0} \Delta x, \quad \Delta y = y - y' = F(x) - F(x \pm \delta) \quad (5\text{-}1)$$

式中，$F(x)$ 表示体系的输出值函数。相关研究人员为表征体系参数对体系输出的影响，提出了一种研究思路，即在体系参数值的误差很小时，通过如式（5-2）所示的数学关系求得一个正数 $C(x)$，用以表示这种影响。

$$\left| \frac{F(x + \Delta x) - F(x)}{F(x)} \right| < C(x) \left| \frac{\Delta x}{x} \right| \quad (5\text{-}2)$$

式中，$\frac{\Delta x}{x}$ 指的是体系参数的相对误差值。

通过式（5-2）可以看出，正数 $C(x)$ 的值可以反映体系参数值对体系输出的影响程度。当 $C(x)$ 的值较大时，表示体系参数即使发生微弱的变化也会导致输出值的改变，这时称体系参数 x 对体系输出值具有较大的灵敏度；当 $C(x)$ 的值很小时，无论体系参数怎么改变，体系输出值仅发生微小的变动，这时则称体系参数 x 的灵敏度较低。

所谓体系参数的灵敏度分析，其核心思想就是分析体系参数值与体系输出值之间的相互影响程度，即当体系参数值发生变化时，体系输出值会产生怎样的变化，这个变化是大是小，是正向变化还是负向变化。从数学的角度看二者之间的关系，可以得出灵敏度的本质实际上是导数，其能够反映体系输出值的变化快慢。灵敏度分析计算实际上就是求取这个导数的过程，其值越大则称对应参数的灵敏度越高，反之则越低。通过灵敏度分析，可以得出体系中参数的重要程度排序，为体系发展提供指导意义。

5.1.2 灵敏度分析的参数

灵敏度分析是指计算和分析某些体系参数值变化带来的体系输出变化的方法，通过计算体系参数灵敏度，可以得出体系输出对参数的敏感程度。在某些体系优化过程中也会进行灵敏度分析，用来判断当体系参数发生变化时最优体系输出的健壮性。此外，在建立数学模型解决某些实际问题时，数学模型中包含的各类自变量参数，对问题的最优解有着显著的影响，对这些参数进行灵敏度分析能够明确模型的输出主要受哪些因素影响，以此为解决问题提供思路。因此，对武器装备体系作战效能进行灵敏度分析是非常必要的。

此处的参数就是构建的指标体系中的基础评估指标，通过基础评估指标的变化，得到变化后整体体系的效能变化，不同的指标变化会对效能值具有不同的影响力。对于常见的四类评估基础指标，即影响体系作战效能的全部因素，通常包括武器装备体系中各式作战单元的具体数量及武器弹药配备数量、各式武器装备的战技指标与指挥员的指挥决策水平、各式武器装备的部署情况以及影响武器装备作战能力的气象环境因素等。在未进行灵敏度分析之前，难以确定哪些参数对体系的作战效能有较大的影响，进行灵敏度分析的目的就是计算体系作战效能影响因素的灵敏度大小，找出关键因素和不敏感参数，从而确定在未来的体系发展优化中应当将重点放到哪些参数上。

5.2 基于深度学习的灵敏度分析方法

对于体系作战效能，可以通过构建适宜的深度学习模型对其进行评估，但是据此仅得到体系效能，对体系效能受哪些参数影响较大，对哪些参数不够敏感等问题还并不清楚。因此，在深度学习模型评估效能的基础上，还需要进行体系参数灵敏度分析，从而明确体系参数对作战效能的影响力大小，为体系优化打下基础。

从灵敏度分析面向对象的范围来分类，把灵敏度分析分为全局灵敏度分析和局部灵敏度分析。所谓局部灵敏度分析，其体现过程实际上是局部参数的变化通过一系列不确定性因素传递至体系输出，导致体系输出发生变化的过程。对局部灵敏度进行分析能够计算某单个参数对体系输出的影响，计算方法简便，目前主流的局部灵敏度分析包括有限差分法、解析法、求导法等。尽管局部灵敏度分析具有计算简便的优点，但是它难以用于研究单个参数与其他参数之间的联系对体系输出的影响，也难以分析在多个变量共同作用下，体系输出的变化情况，缺乏对整体性、全局性的考虑。因此，在进行体系参数灵敏度分析时，通常采用全局灵敏度分析。

全局灵敏度分析的核心思想是对体系输出的不确定误差进行分解，对应不同的体系参数误差，计算体系参数对应误差与总误差的比值，这个比值就是灵敏度，换言之，灵敏度就是指体系参数对体系输出的重要程度。全局灵敏度分析不仅可以分析多个参数共同作用体系输出产生的影响，还可以分析体系参数之间的相互关系对体系输出产生的影响。通过计算出的灵敏度值的大小对体系参数进行排序，为体系发展奠定基础，即在今后的体系优化过程中重点研究灵敏度值较高的参数，而忽略灵敏度值较低的参数。在开展全局灵敏度分析的过程中常用的方法包括定性方法和定量方法，定性方法包括 Morris 方法和 FAST 方法等；定量方法包括 Sobol 方法、矩独立方法及基于信息熵的方法等。

全局灵敏度分析与局部灵敏度分析最大的不同点就在于能否在分析单个参数对体系输出的影响时，考虑其他参数或与其他参数之间的相互关系。也正是因为如此，全局灵敏度分析考虑的体系参数更多，分析的结果也更具稳定性。在后续的研究中，将全局灵敏度分析与深度学习模型有机融合，进而应用于仿真数据开展武器装备体系灵敏度分析。

下面对常见的全局灵敏度分析方法以及对应的相关原理和公式进行介绍。

1. Morris 方法

Morris 方法，也称基本效应法，是一种定性的全局灵敏度分析方法。Morris 方法的核心思想就是从全局网络出发，重点关注某单个因素的变化导致整体模型输出发生的变化，通常应用于分析和选择模型中最敏感的参数或参数集合，为此，该方法提出了基效应的概念。在应用过程中，需要尽可能地覆盖所有的体系参数，建立一个具有多种不同扰动的全局网络，通过网络中扰动的平均值和标准差来构建灵敏度指标。该方法的关键就在于基效应的计算，其计算公式如下。

$$d_i(j) = \frac{f(x_1,\cdots,x_{i-1},x_i+\Delta,x_{i+1},\cdots,x_n) - f(x_1,x_2,\cdots,x_n)}{\Delta} \quad (5\text{-}3)$$

式中，$d_i(j)$ 代表第 i 个（$i=1,2,3,\cdots$）体系参数的第 j 组样本的基效应（$j=1,2,\cdots,R$，R 为重复抽样次数）；n 代表体系参数的总数量；Δ 代表网络中每个体系参数发生的变化值的大小；$f(\cdot)$ 表示在该组体系参数条件下的体系输出函数。基于以上公式计算出基效应，对不同的样本组计算得到不同的基效应，计算同一参数下所有样本组基效应的均值 μ 和标准差 σ，用以表征参数的灵敏度情况。均值 μ 能够反映参数 i 的灵敏度值大小，据此能够得到体系参数的灵敏度值大小排序；标准差 σ 则能够反映体系参数之间相互联系对体系输出的影响。二者的计算公式如下。

$$\mu_i^* = \frac{1}{R}\sum_{j=1}^{R}|d_i(j)| \quad (5\text{-}4)$$

$$\sigma_i = \sqrt{\frac{1}{R-1}\sum_{j=1}^{R}\left[d_i(j) - \frac{1}{R}d_i(j)\right]^2} \quad (5\text{-}5)$$

2. 基于导数的分析方法

可以将基于导数的分析方法看作在 Morris 方法的基础上进行了拓展。从式（5-3）中能够看到，$d_i(j)$ 实际上是类似于偏导数 $\partial f/\partial x_i$ 的，而偏导数其实是反映了体系参数在某个定点对体系输出的影响，为实现计算体系参数在其取值范围内对体系输出的平均影响程度，研究人员总结出基于导数的分析方法，其灵敏度指标的计算公式如下。

$$v_i = \int \left(\frac{\partial f(x)}{\partial x_i}\right)^2 dx \qquad (5\text{-}6)$$

式中，v_i 可以表征体系参数变化导致的体系输出的绝对平均变化；$f(x)$ 代表体系输出函数；x_i 表示第 i 个体系参数。但是由于引入了偏导数的计算，基于导数的分析方法的计算量是大于 Morris 方法的。

3. 矩独立方法

在使用矩独立方法对全局灵敏度进行分析时，并不要求待分析的体系参数之间是相互独立的，而且并不依赖于某一特定的"矩"。矩独立方法的核心思想是分析体系参数的不确定性对体系输出的概率密度函数造成的影响，通过该影响的大小来反映参数的灵敏度值大小。假定体系输出 Y 的无条件概率密度函数和固定某个体系参数 X_i 的条件概率密度函数分别为 $f_Y(y)$ 和 $f_{Y|X}$，则当体系参数 X_i 的值确定后，$f_Y(y)$ 和 $f_{Y|X_i}$ 的差异可表示为：

$$s(X_i) = \int \left| f_Y(y) - f_{Y|X_i} \right| dy \qquad (5\text{-}7)$$

对体系参数 X_i 取值范围中的所有取值进行计算，得到结果后求解相应的差异值。体系参数 X_i 对体系输出概率密度函数的影响就可以通过所有差异值的数学期望来表示，这里的数学期望也可以表示体系参数 X_i 在取值范围内进行随机取值后对体系输出的影响。其中，数学期望 $E_{X_i}[s(X_i)]$ 的计算公式如下。

$$E_{X_i}[s(X_i)] = \int \left[\int \left| f_Y(y) - f_{Y|X_i} \right| dy \right] f_{x_i}(x_i) dx_i \qquad (5\text{-}8)$$

而后，将输入变量 X_i 对输入相应 Y 的矩独立灵敏度指标定义为 δ_i，从而将随机变量 $X_i(i=1,2,\cdots,n)$ 对输出分布的影响限定在 [0,1] 之间：

$$\delta_i = \frac{1}{2} E_{X_i}[s(X_i)] \qquad (5\text{-}9)$$

矩独立灵敏度指标 δ_i 具有以下性质。

（1）$\delta_i \in [0,1]$。

（2）当且仅当输入变量 X_i 与输出响应 Y 相互独立时，$\delta_i = 0$。

（3）$\delta_{1,2,\cdots,n} = 1$，$\boldsymbol{X} = (X_1, X_2, \cdots, X_n)$。

（4）当且仅当输入变量 X_i 与输出响应 Y 相关且相互独立时，$\delta_{ij} = \delta_i$。

（5）$\delta_{ij} \in [\delta_i, \delta_i + \delta_{j|i}]$，其中 $\delta_{j|i} = \frac{1}{2} E_{X_i X_j} \left[\int \left| f_{Y|X_i}(y) - f_{Y|X_i X_j}(y) \right| dy \right]$。

在上述性质中，$\delta_{1,2,\cdots,n}$、δ_{ij} 以及 $s(X_i, X_j)$ 可根据以下公式计算得到。

$$\delta_{1,2,\cdots,n} = \frac{1}{2}E_X[s(X)] = \int f_X(x_1,x_2,\cdots,x_n) \times \left[\int \left|f_Y(y) - f_{Y|X}\right|dy\right]dx_1 dx_2 \cdots dx_n$$

$$\delta_{ij} = \frac{1}{2}E_{X_i X_j}[s(X_i, X_j)] \quad (5\text{-}10)$$

$$s(X_i, X_j) = \int \left|f_Y(y) - f_{Y|X_i X_j}(y)\right|dy \quad (5\text{-}11)$$

4. 方差分解方法

方差分解方法也称 Sobol 方法，是开展全局灵敏度分析时最常用的一种方法，其实质上是一种基于方差的蒙特卡洛算法。方差分解方法的计算思路是将体系输出值的方差进行分解，并将其分配到不同的体系参数或体系参数之间的联系上。其具体的操作流程就是将体系的输出函数 $f(x)$ 分解为单个体系参数或多个体参数相互组合的函数，用数学解析式描述整个过程如式（5-12）所示。

$$f(X) = f_0 + \sum_{i=1}^{n} f_i(X_i) + \sum_{1 \leqslant i < j \leqslant n} f_{i,j}(X_i, X_j) + \cdots + f_{1,2,\cdots,n}(X_1, X_2, \cdots X_n) \quad (5\text{-}12)$$

当每个输出参数之间都是相互独立的，而且式（5-12）中每个式子的均值都为 0 时，则可以推断式（5-12）中每一项之间都是相互正交的，从而可以确定且唯一确定每一项的表达式，即 $f_0 = E(Y)$，$f_i = E(Y|X_i) - f_0$，$f_{i,j} = E(Y|X_i, X_j) - f_i - f_j - f_0$ 等。要相对体系输出进行方差分解，可以通过对式（5-12）两边同时取方差实现，结果如式（5-13）所示。

$$V(Y) = \sum_{i=1}^{n} D_i(Y) + \sum_{1 \leqslant i < j \leqslant n} D_{ij}(Y) + \cdots + D_{12\cdots n}(Y) \quad (5\text{-}13)$$

其中，总方差为 V，各阶偏方差如下。

$$D_i(Y) = V(E[Y|X_i]) \quad (5\text{-}14)$$

$$D_{ij}(Y) = V(E[Y|X_i, X_j]) - V_i - V_j \quad (5\text{-}15)$$

在此基础上，定义通过方差分解方法求得的灵敏度为各阶偏方差与总方差的比值，公式如下。

$$S_i = \frac{D_i(Y)}{V(Y)} \quad (5\text{-}16)$$

$$S_{ij} = \frac{D_{ij}(Y)}{V(Y)} \quad (5\text{-}17)$$

式中，S_i 表示输入变量 X_i 的一阶灵敏度；S_{ij} 表示输入变量 X_i 与 X_j 的二阶灵敏度。

在这些灵敏度指标中，两个比较常用的指标为主效应灵敏度指标$S1_i$（即一阶灵敏度）和总效应灵敏度指标ST_i。总效应灵敏度指标ST_i的定义为：

$$ST_i = \frac{E(V(Y|\boldsymbol{X}_{\sim i}))}{V(Y)} \quad (5\text{-}18)$$

式中，$\boldsymbol{X}_{\sim i}$代表除体系参数X_i外的其他所有参数。$S1_i$实际上就是体系的一阶灵敏度，其数学意义是体系参数X_i对体系输出函数Y方差的单独贡献大小。此外，二阶灵敏度的意义在于定量反映体系参数X_i与X_j交互变化对体系输出结果的影响。ST_i为总效应灵敏度指标，用于表示某体系参数和该参数与其他参数相互作用关系对体系输出影响的总和，其数值上等于主效应灵敏度指标$S1_i$和其他与X_i相关的高阶灵敏度指标之和。

5.3 基于深度学习评估模型的灵敏度分析案例

本节以某陆战作战系统为例，采用构建长短时记忆（Long Short-Term Memory，LSTM）模型对陆战作战系统进行效能评估，将作战效能作为深度学习模型的输出端，11个基础评估指标作为深度学习模型的输入端。对于陆战作战系统，其效能评估指标体系如图5-1所示。

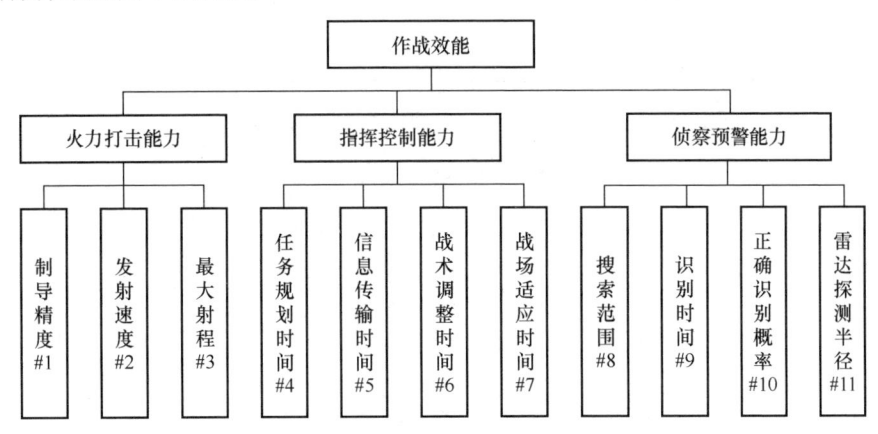

图5-1 某陆战作战系统效能评估指标体系

通过仿真实验，得到各基础指标的数据及作战效能值，共1000条数据，各评估指标取值范围如表5-1所示。

对仿真数据进行处理后，将其作为训练样本。对构建的LSTM模型进行训练。在训练过程中，LSTM模型的参数如表5-2所示，训练结果如图5-2所示。训练结束后LSTM模型的误差值达到0.026，取得了较好的训练效果。

表 5-1 评估指标取值范围

指标	单位	最小值	最大值
制导精度#1	—	0.1	0.85
发射速度#2	km/h	20	190
最大射程#3	km	18.33	109.98
任务规划时间#4	h	2	6
信息传输时间#5	h	0	12
战术调整时间#6	h	0	4
战场适应时间#7	h	0	2
搜索范围#8	km	52.35	195.36
识别时间#9	h	1	4
正确识别概率#10	—	0.5	1
雷达探测半径#11	km	42.15	100

表 5-2 LSTM 模型的参数

参数	取值
隐藏层数	2
学习率	0.01
训练批量	20
迭代次数	100

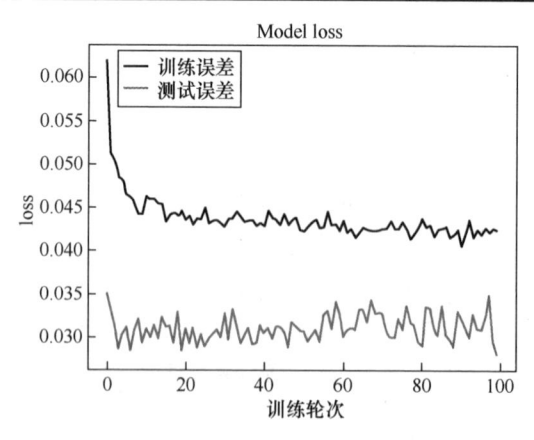

图 5-2 LSTM 模型训练结果

下面进行陆战作战系统参数灵敏度分析。基于训练好的 LSTM 模型，在指标参数取值范围内随机取值，生成 1000 个样本，利用 Sobol 方法计算各指标参数灵敏度。各指标参数的总效应灵敏度（ST）如表 5-3、图 5-3 所示。

第 5 章　武器装备体系效能灵敏度分析

表 5-3　各指标参数的总效应灵敏度

指标	ST	置信度
制导精度#1	0.5580	0.0871
发射速度#2	0.0739	0.0162
最大射程#3	0.2211	0.0411
任务规划时间#4	0.1004	0.0195
信息传输时间#5	0.0419	0.0089
战术调整时间#6	0.0435	0.0103
战场适应时间#7	0.0798	0.0169
搜索范围#8	0.0633	0.0120
识别时间#9	0.0444	0.0119
正确识别概率#10	0.0343	0.0086
雷达探测半径#11	0.1847	0.0361

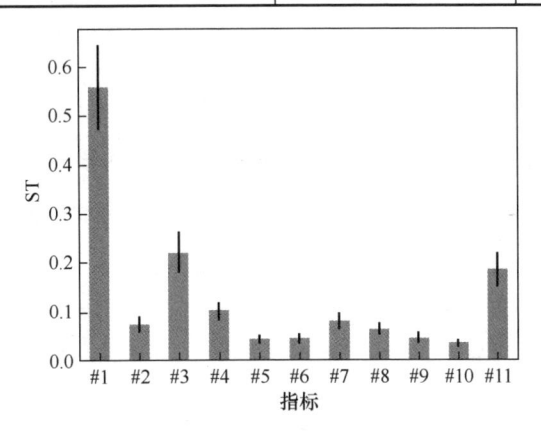

图 5-3　各指标参数总效应灵敏度

由灵敏度分析的结果可知，灵敏度值 S_i 从大到小排序为 $S_1 > S_3 > S_{11} > S_4 > S_7 > S_2 > S_8 > S_9 > S_6 > S_5 > S_{10}$，得到影响某陆战作战系统作战效能的指标从强到弱依次为制导精度、最大射程、雷达探测半径、任务规划时间、战场适应时间、发射速度、搜索范围、识别时间、战术调整时间、信息传输时间、正确识别概率。经分析发现，制导精度、最大射程、雷达探测半径是影响某陆战作战系统作战效能的关键因素，可以通过增加其相应的设备来提高整体系统的作战效能。而任务规划时间、战场适应时间、发射速度、搜索范围、识别时间、战术调整时间、信息传输时间、正确识别概率自身的变化对整体系统的作战效能影响较小，所以其值可以设定为固定值，以减少计算成本、缩短计算时间。

第 6 章

武器装备体系效能评估典型案例研究

基于以上武器装备体系相关问题、数据获取及处理技术、深度学习模型构建及训练技术、灵敏度分析技术，提出典型案例——联合反舰作战体系验证研究技术路线的科学性及先进性。

6.1 典型案例分析

本节对联合反舰作战体系进行分析设计，通过分析，对作战方案中包含的联合反舰作战流程、任务等进行设计。

6.1.1 总体技术路线

基于典型案例的总体技术路线如图 6-1 所示。其主要内容包括：分析作战体系以及确定作战效能评估指标体系；利用推演平台设计仿真实验获得仿真大数据、处理数据生成样本；构建深度学习模型，利用数据样本训练模型，利用训练好的模型评估预测体系效能；通过损失值、误差值分析模型的训练、评估性能，分析体系中武器装备参数及其他参数的灵敏度。

第6章 武器装备体系效能评估典型案例研究

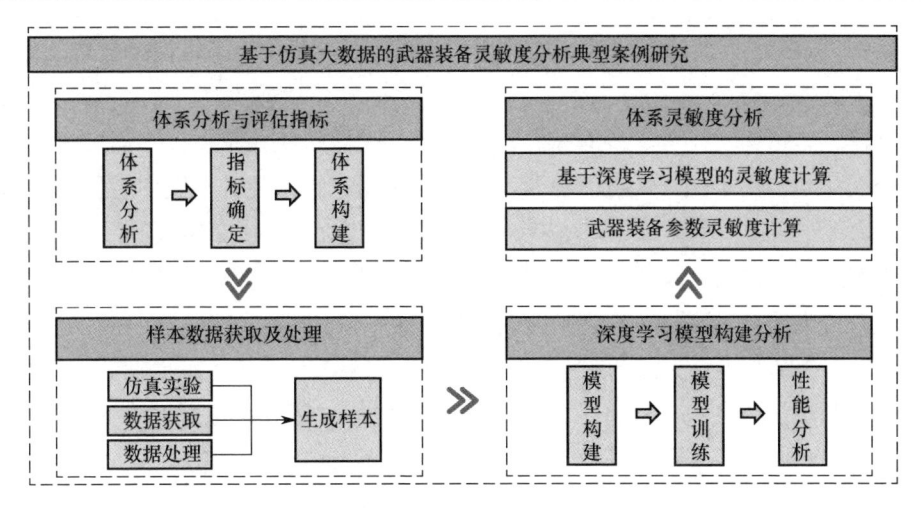

图6-1 总体技术路线

6.1.2 联合反舰作战体系分析

随着科技化、信息化进程加快，军事领域中装备体系、指挥机制等相关要素也都越来越现代化。在当前阶段的作战中，信息作战至关重要，因为其涉及整个作战体系的信息传输、指控效率等。最典型的例子就是电子战，电子战作为整个作战流程中的首要阶段，其任务目标是对蓝方进行电子干扰以及电子防御等，以夺取战场的制信息权，电子战取胜能够为后续整个作战流程奠定坚实基础。如何通过联合作战体系夺取电子战胜利是在进行体系分析过程中值得研究的问题。

联合反舰作战体系获得制信息权主要依靠的是各种作战系统，包括战场态势感知系统、战场信息传输系统和精确武器制导系统等。作战体系的体系繁杂、种类众多、覆盖范围广、作战样式多，因此，研究体系作战效能评估问题，设计作战想定，必须先明确对抗双方的体系组成和作战方式。

综合以上分析，拟构建联合反舰作战体系案例，通过联合反舰作战体系案例探究基于深度学习模型的体系参数灵敏度分析流程的可行性，下面对案例中的作战体系进行分析。

1. 装备体系组成

将不同平台、不同专业、不同数量的装备系统通过网络化的指挥控制系统构成一个装备体系，相比一般的装备系统，装备体系的作战地域范围大，装备或装备系统之间相互结合、密切协同，强调信息资源的共享、作战任务的统一规划，并且装备体系可以根据作战任务的变化实现快速重组，以发挥其整体作战效能的最大化。根据装备的作战使用特点，装备体系作为一个基本作战单元，可以单独遂行作战任务,也可以从属于其他各军兵种装备体系,伴随军兵种装备体系执行多种作战任务。

(1) 武器装备类型

武器装备是指实施和保障军事行动的武器、武器系统和军事技术器材,武器装备的详细分类包括十四个大类,分别是:轻型武器;火炮及其他发射装置;弹药、地雷、水雷、炸弹、反坦克导弹及其他爆炸装备;坦克、装甲车辆及其他军用车辆;军事工程装备与设备;军用舰船及其专用装备与设备;军用航空飞行器及其专用装备与设备;火箭、导弹、军用卫星及其辅助设备;军用电子产品及火控、测距、光学、制导与控制装置;火炸药、推进剂、燃烧剂及相关化合物;军事训练装备;核、生、化武器防护装备与设备;后勤装备、物资及其他辅助军事装备;其他装备。

案例中的联合反舰作战体系,主要用于实现对某海域的自卫反击,具有侦察、打击的功能,包含以下几种武器装备类型。

① 军用舰船及其专用装备与设备

其中,驱逐舰是具有代表性的军用舰船。一般来说,驱逐舰都配备有多种武器装备,类型覆盖防空火炮、反潜鱼雷、各式导弹等。驱逐舰作为海上作战的主要力量,也能够执行多种作战任务,如它能够执行对指定海域的侦察探测任务,也能够完成对空或对海的防卫任务以及保卫航母舰队的护卫任务,还能够作为海战或登陆作战的支援兵力以及为小型舰载机等提供临时的起降平台等。

② 军用航空飞行器及其专用装备与设备

在开展对空或对蓝方侦察探测任务时,一般会派出预警机执行任务。通常预警机上配备有探测范围较广的雷达等传感器,可以对海陆空的目标进行有效侦察和识别,还可以为执行作战任务的飞机提供指引。相对于固定在地面上的雷达观测站,预警机具有更加优秀的侦察探测性能。地面雷达设施的侦察探测效能通常会受到恶劣天气或地形地貌的影响,而预警机是将整套雷达传感器安装到飞机上,借助飞行的高度,实现对海陆空多种目标的侦察、观测与识别,通过预警机能够大幅度地提升红方作战体系中各式作战单元的性能。

作战飞机的主要作战任务就是火力打击,其目标是通过火力打击保护红方的制空权或者实现对指定目标进行毁伤,包括轰炸机、歼击机以及强击机等。战斗机的特点主要有四点:第一,机动性强,能够在空中对蓝方飞机进行追击或躲避蓝方的攻击,同时配备强大的火力打击武器;第二,战斗机本身也配备了雷达等传感装备,具有一定程度的侦察能力;第三,战场环境适应能力强,能够应对多种天气,全天候执行作战任务;第四,能够根据不同的作战目的挂载不同的武器,以完成指定的作战任务,如打击、运输、支援等。

第6章 武器装备体系效能评估典型案例研究

③ 火箭、导弹、军用卫星及其辅助设备

在战斗机上添加电视制导导弹挂架，能够对地面、海上目标进行打击。电视制导导弹是指由电视摄像机组成制导系统的导弹。已使用的电视制导导弹主要有两种：一种是电视加指令制导导弹；另一种是电视寻的制导导弹。

现有的仿真系统中有现成的各式武器装备，将各式武器装备作为作战单元编入作战任务中，每种作战单元的驾驶熟练度调整为顶级。

（2）武器装备数量与装备性能参数

武器装备数量与装备性能参数是影响武器装备系统作战能力的重要因素。特别是当两种武器装备的战技性能等相差无几时，该装备数量的多少对整个体系的作战能力起着决定性的作用，而对装备性能差距较大的武器装备来说，数量上的优势带来的作战能力上的提升就没有那么显著了。因此，当设计体系中每种武器装备的数量时，要对武器装备的单项作战能力进行分析，将装备性能与装备数量结合考虑，构建适宜的作战体系。

（3）武器装备体系

双方作战单元情况如表6-1所示。

表6-1 双方作战单元情况

推演方	单元名称	数量
红方	远程超音速反舰导弹（Klub-M 导弹发射车）	1
	单实体机场（1×4000m 跑道）	1
	米格-29KUB 型"支点D"战斗机	4
	苏-27SM/SM3 型战斗机	4
	码头（超大型，45.1～200m）	1
	BPK 乌达洛伊"无畏"级驱逐舰	2
	EM"现代"级导弹驱逐舰	2
蓝方	DDG86 肖普号宙斯盾导弹驱逐舰	4

其中，红方各作战单元主要战技指标如表6-2至表6-6所示。

① 远程超音速反舰导弹（Klub-M 导弹发射车）

表6-2 远程超音速反舰导弹（Klub-M 导弹发射车）战技指标

战技指标	详细信息	说明
防御能力	4个等效导弹	捕鲸叉/斯拉姆/幼畜空地导弹
武器挂架	6x SS-N-27 型"俱乐部"巡航导弹	制导武器 目标：水面舰艇 战斗部：200kg 半穿甲战斗部
传感器	最大距离 92.6km	目视观察

· 111 ·

② 米格-29KUB型"支点D"战斗机

表6-3 米格-29KUB型"支点D"战斗机战技指标

战技指标	详细信息	说明
基本参数	长度17.3m、翼展12m、高度4.7m	中型飞行器（12.1～18m）
爬升性能	平均爬升率110m/s、瞬时爬升率330m/s	灵敏度4.9
飞行速度	巡航速度888.96km/h 军事速度1074.61km/h 加力速度1203.8km/h	巡航速度耗油45.3kg/min 军事速度耗油78.79kg/min 加力速度耗油280.58kg/min 油箱5000kg
武器挂载	KAB-500Kr型电视制导导弹	有效目标： 水面舰艇 地面建筑—软目标 地面建筑—硬目标 跑道 移动目标—软目标 移动目标—硬目标 空军基地

③ 苏-27SM/SM3型战斗机

表6-4 苏-27SM/SM3型战斗机战技指标

战技指标	详细信息	说明
基本参数	长度21.9m、翼展14.7m、高度5.9m	大型飞行器（18.1～26m）
爬升性能	平均爬升率99.9m/s、瞬时爬升率299.7m/s	灵敏度4.5
飞行速度	巡航速度648.20km/h 军事速度888.96km/h 加力速度1296.40km/h	巡航速度耗油59.17kg/min 军事速度耗油94.97kg/min 加力速度耗油358.59kg/min 油箱9420kg
武器挂载	KAB-1500Kr型电视制导导弹	有效目标： 水面舰艇 地面建筑—软目标 地面建筑—硬目标 跑道 移动目标—软目标 移动目标—硬目标 空军基地

④ BPK 乌达洛伊"无畏"级驱逐舰

表 6-5　BPK 乌达洛伊"无畏"级驱逐舰战技指标

战技指标	详细信息	说明
基本参数	长度 163m、宽度 19m、吃水深度 5.2m	
最大海况	6	最大支持航行海况为 6
排水量	4025t	4905t
损伤点	1070	
防御能力	16 个等效导弹	捕鲸叉/斯拉姆/幼畜空地导弹
制导武器	SS-N-22 型"日炙"式反舰导弹	属性： 地形跟随 模式搜索 纯方位发射 武器—惯性导航 水平巡航飞行

⑤ EM"现代"级导弹驱逐舰

表 6-6　EM"现代"级导弹驱逐舰战技指标

战技指标	详细信息	说明
基本参数	长度 156.5m、宽度 17.2m、吃水深度 6m	
最大海况	6	最大支持航行海况为 6
排水量	6500t	7940t
防御能力	16 个等效导弹	捕鲸叉/斯拉姆/幼畜空地导弹
制导武器	SS-N-22 型"日炙"式反舰导弹	属性： 在干扰中制导（HOJ） 地形跟随 模式搜索 纯方位发射 武器—惯性导航 末端蛇形机动 水平巡航飞行

蓝方作战单元主要战技指标如表 6-7 所示。

表 6-7　DDG86 肖普号宙斯盾导弹驱逐舰战技指标

战技指标	详细信息	说明
基本参数	长度 155.2m、宽度 20.4m、吃水深度 9.3m	
最大海况	6	最大支持航行海况为 6
排水量	标准排水量 8500t、满载排水量 9217t	
防御能力	20 个等效导弹	捕鲸叉/斯拉姆/幼畜空地导弹

联合反舰作战概念图如图 6-2 所示。

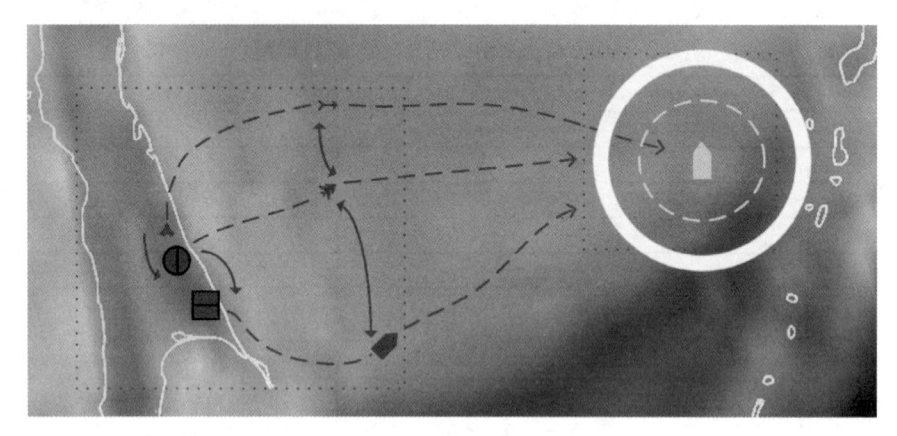

图 6-2　联合反舰作战概念图

作战使命：对海打击。

作战实体：远程超音速反舰导弹（Klub-M 导弹发射车）1 辆，单实体机场（1×4000m 跑道）1 座，米格-29KUB 型"支点 D"战斗机 4 架，苏-27SM/SM3 型战斗机 4 架，码头（超大型，45.1～200m）1 座，BPK 乌达洛伊"无畏"级驱逐舰 2 艘，EM"现代"级导弹驱逐舰 2 艘。

作战地域：红方某海域。

作战对象：DDG86 肖普号宙斯盾导弹驱逐舰编队（4 艘）。

地理配置：机场与港口配置在红方某沿海地区，飞机编队停放于机场，舰艇编队停靠于港口。

2. 作战方式分析

针对以上作战体系，结合任务类型、武器装备技战术特点、指挥流程机制、信息动态交互方式、主动攻击与被动防护等方面设计作战方式。

（1）任务类型

作战任务的含义实际上就是为了完成某项作战目标而开展的一系列作战行动的集合。在完成一次作战的过程中，作战体系中的每个系统或作战单元都被赋予了作战任务，有的作战任务需要多个系统协作完成，有的作战任务则只需要单个作战单元就能够完成。同时，对红方体系来说，蓝方作战单元负担的不同作战任务具有不同程度的威胁，如蓝方对红方执行的火力打击任务的威胁就高于物资保障任务。

在现有仿真系统中，支持创建的作战任务类型包括打击任务、巡逻任务、支援任务、转场任务、布雷任务、扫雷任务及投放任务。其中常用的作战任务类型是打击任务及巡逻任务。打击任务分为对海打击、对陆打击等；巡逻任务分为反空战巡逻、反地面战巡逻及反水面战巡逻等。利用打击任务和巡逻任务可以规划作战单元的任务区域及作战目标等，作战单元将根据不同的任务类型采用不同的作战方式对蓝方目标进行打击或辅助红方作战单元。

在构建的典型案例——联合反舰作战体系中，整个作战分为6个时刻，包含预警探测、海上交战、空中支援等作战任务。联合反舰作战体系的作战任务视图如图6-3所示。

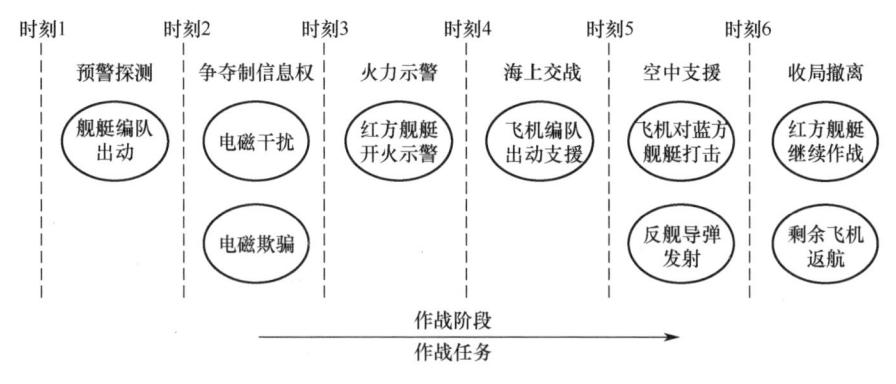

图6-3 联合反舰作战体系的作战任务视图

（2）武器装备技战术特点

武器装备的技战术指标包括最大航程、最小航程、抗毁能力、反应能力、持续作战能力等，根据这些指标的特点设计武器装备的作战方式，如将蓝方目标设置在红方飞机舰船的最大航程之内。结合武器装备的技战术特点，赋予其不同的作战任务，设计相应的作战方式。

水面舰艇编队的作战方式流程图如图6-4所示，目标进入雷达搜索范围后，雷达发现目标，测算目标的具体方位距离，将目标的位置信息传输回指挥控制中心与水面舰艇武器系统，指挥中心下达攻击命令后，水面舰艇武器系统对目标进行攻击。

（3）指挥流程机制

指挥流程机制主要由指挥系统及体系的指挥关系决定。指挥系统由两部分组成，分别是指挥决策系统和指挥保障系统，包含计算机和人在内的一个人机系统。当指挥系统运行时，由计算机提供辅助决策支持，由人工进行决策。

指挥系统中的指挥决策系统由提供决策辅助的计算机相关系统和进行决策的指挥员团体构成，其主要的作战任务是贯彻落实上级的作战目标，对战场局势做出正确的判断，对红方体系的作战力量进行协调，制定正确高效的战斗决策，推进作战进程等。指挥保障系统的作战任务是保障指挥系统的正常运行,以及使指挥系统进行合理有效的指挥,传达作战命令等。指挥系统效能能否正常发挥,首要要求是红方体系具备清晰明了的指挥关系,同时指挥系统也在一定程度上决定了作战单元的作战方式及作战行动的实施方案。

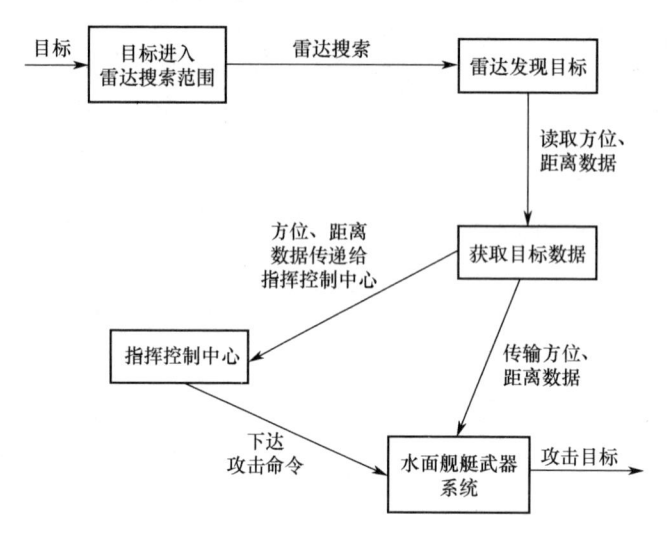

图 6-4　水面舰艇编队的作战方式流程图

体系的指挥关系图如图 6-5 所示,其中机场、港口、远程导弹车统一受指挥控制中心的指挥和调度,机场直接指挥 4 个飞机编队,港口直接指挥 2 个舰艇编队。

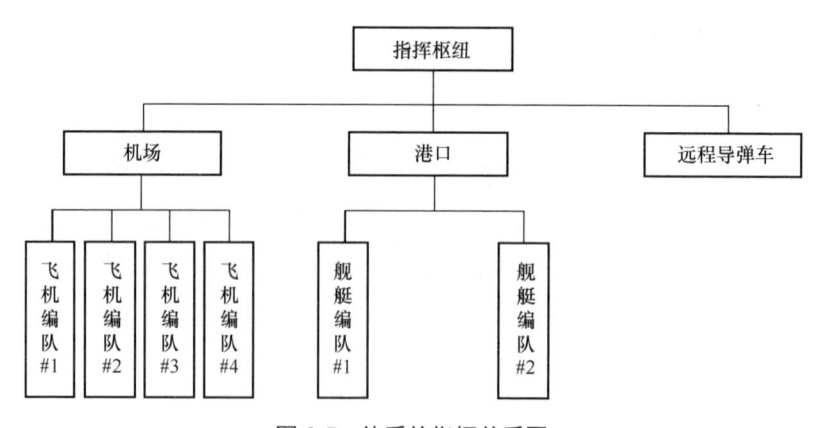

图 6-5　体系的指挥关系图

(4)信息动态交互方式

信息动态交互是所有作战进程中最能够体现"人在回路"的作战进程,主要是因为在信息交互过程中由人工进行信息确认,才能够确保信息传递的万无一失。作战信息动态交互具体表现在当相关的作战人员处于信息交互环节中时，人的主要工作就是查验可视化的作战交互信息，并进行传输，以便指挥系统能够进行指挥决策或者主战系统能够顺利开展作战行动，其作用在于能够验证作战信息的完备性、可靠性和一致性。目前，大多数仿真平台也能够在开展仿真实验时加入人的因素，使得整个流程更加逼真，得到更为可靠的仿真数据。

一般情况下，作战信息动态交互的流程可以描述如下。首先，当作战体系被告知作战目标，领受上级作战任务后，指挥系统将总体作战目标和作战任务进行分解，开始编制相关的作战计划及相关的行动预案；然后，相应的作战单元编队收到指挥系统的相关命令后，由人工进行确认，据此开展一系列作战行动，具体到最小作战单元就是预警机执行探测任务、水面舰艇执行巡逻任务等；最后，在整个作战流程进行完毕后，再将收集到的战场信息进行整理加密。

仿真系统中能够较好地模拟指挥流程与作战信息动态交互，例如，在某仿真实验中，由预警机发现蓝方目标，将其位置信息实时共享给其他作战单元，其他作战单元接收信息后采用适宜的作战方式对蓝方目标进行打击拦截。

体系的信息动态交互方式如图 6-6 所示，传感器、雷达等对目标进行情报收集，将目标信息传输到指挥控制中心；指挥控制中心根据作战条令将目标信息传输至武器系统，并下达攻击命令；武器系统执行攻击命令，对目标进行攻击，并将攻击结果反馈到指挥控制中心；整个信息动态交互过程中都有人的参与，体现了人在回路的作战流程。

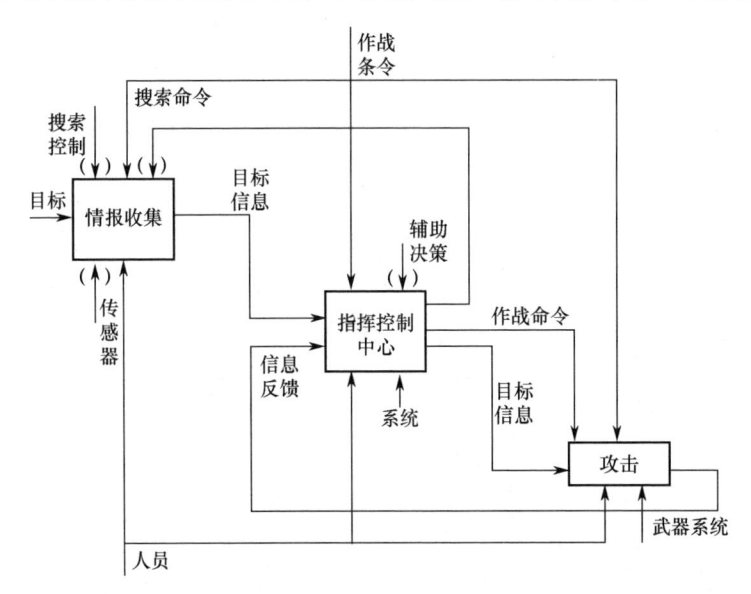

图 6-6 体系的信息动态交互方式

6.1.3 典型案例——联合反舰作战想定

基于以上对武器装备类型、作战方式的分析,现对典型案例的作战想定进行描述。

1. 想定背景

蓝方无视法律道德约束,践踏红方领土主权,派出舰艇编队到红方某海域。蓝方舰艇编队试探红方海上防卫红线,蓝方舰艇无视红方发出的警告,擅自强行进入红方海域,对红方沿海机场及港口产生严重威胁,严重侵犯红方领土主权。

在面向联合作战条件夺取制信息权的军事背景下,红方对于蓝方舰艇的侵犯行为,采用飞机、舰艇、导弹配备的雷达等设备开展针对蓝方舰艇的联合作战军事行动,进行信息收集,确保充分的情报信息保障,集中信息进攻的力量与资源于关键的时节和方向,力争先于蓝方实施信息进攻,争取先机之利,实施不间断的信息进攻,保持和扩大已经取得的制信息权。红方在夺取战场制信息权的基础上,继续扩大战场主导权,进一步夺取战场的制空权、制海权,力争实现对蓝方舰艇的拦截打击。

2. 案例详情

(1) 作战时间与地点

作战地点为红方某海域,作战时间发生于当地时间15时30分。

(2) 作战环境

作战地点位于红方某海域,当地气温25℃,风力、云量、雨量均为2级。

(3) 装备部署情况

装备部署情况如表6-8所示。

表6-8 装备部署情况

推演方	单元名称	数量	制导武器情况
红方	远程超音速反舰导弹(Klub-M 导弹发射车)	1	6枚反舰导弹
	单实体机场(1×4000m 跑道)	1	—
	米格-29KUB型"支点D"战斗机	4	单机挂载 KAB-500Kr 型电视制导导弹2枚
	苏-27SM/SM3型战斗机	4	单机挂载 KAB-1500Kr 型电视制导导弹2枚
	码头(超大型,45.1~200m)	1	—
	BPK乌达洛伊"无畏"级驱逐舰	2	单舰携带 SS-N-22型"日灸"式反舰导弹8枚

（续表）

推演方	单元名称	数量	制导武器情况
红方	EM"现代"级导弹驱逐舰	2	单舰携带 SS-N-22 型"日炙"式反舰导弹 8 枚
蓝方	DDG86 肖普号宙斯盾导弹驱逐舰	4	单舰携带 RIM-162E 改进型麻雀导弹 16 枚

（4）双方的兵力部署

蓝方：蓝方 4 艘驱逐舰组成编队，在距离红方海岸 184.37km 处集结，准备出动对红方海域进行试探。

红方：红方海岸处建有一座机场、一座港口，战斗机停放于机场，驱逐舰停靠于码头，机场与蓝方舰队距离 194.21km，码头与蓝方舰队距离 184.48km，红方作战单元将在探测到蓝方舰队后出动。

（5）装备保障情况

红方战斗机出航采用巡航速度 888.96km/h，耗油量 45.3kg/min；途中采用军事速度 1074.61km/h，耗油量 78.79kg/min；进行攻击时采用加力速度 1203.8km/h，耗油量 280.58kg/min，战斗机油箱容量 5000kg，能够满足战斗需求。

红方驱逐舰出航采用巡航速度 33.34km/h，耗油量 133.16kg/min；途中采用军事速度 37.04km/h，耗油量 411.56kg/min；进行攻击时采用加力速度 59.26km/h，耗油量 689.96kg/min，驱逐舰油箱容量 1740t，能够满足战斗需求。

（6）作战阶段与任务

第一阶段预警探测：15:30，红方探测到蓝方舰队，对蓝方舰队发出警告，没有得到蓝方舰队的回应，于是派出两个舰队进行探测。

第二阶段争夺制信息权：16:30，红方探明蓝方舰艇，利用红方舰艇、机场、港口等作战单元数量上的优势，对其实施电磁干扰、电磁欺骗等手段，针对蓝方构成威胁的关键性节点，重点打击蓝方舰队系统的要害，巧妙地运用谋略和信息技术手段进行积极的信息进攻，夺取战场制信息权。

第三阶段火力示警：17:00，红方 4 艘驱逐舰组成 2 个编队，继续执行探测任务，继续对蓝方舰队发出警告，达到警戒距离后，对蓝方舰艇开火。

第四阶段海上交战：17:10，双方舰队交火时，红方派出战斗机编队对红方舰队进行支援，战斗机编队执行支援任务。

第五阶段空中支援：17:30，红方战斗机编队到达战场，对蓝方舰队进行打击，红方战斗机编队执行对海打击任务。红方反舰导弹发射。

第六阶段收局撤离：17:50，红方战斗机返航，双方舰队继续进行战斗。红方利用就近作战单元对蓝方舰队进行打击，任务要求将蓝方 4 艘舰艇全部击沉或 4 艘舰艇损伤程度均在 95%以上，以打击蓝方霸权主义的嚣张气焰。

（7）作战条令规则

① 双方开火情况均设置为谨慎开火，即双方作战单元发现不明目标后，只有确认其属于敌对势力时，才对其进行打击。

② 双方发现和识别对方作战单元的概率均服从指数分布。

③ 双方舰艇武器携带量均为默认值，航线为任务规划默认值，最小作战编队为 2 艘舰艇。

④ 双方作战单元雷达均为打开状态，以便获取对方位置。

⑤ 红方战斗机携带高精度电视制导导弹（1 机携带 2 枚）对蓝方舰艇进行打击，最小作战编队为 2 架战斗机，设置战斗机在双方舰艇交火时出动，以取得更高的任务完成率。

⑥ 作战时，红方作战单元雷达探测信息共享，所有作战单元共享情报。

据此想定设置，利用联合作战推演系统建立仿真实验，获得仿真数据，对数据进行处理，将处理后的数据用于后续的模型训练与验证。

6.2 典型案例的作战效能评估指标

结合案例分析构建联合反舰作战体系的知识图谱，并在此基础上抽取构建体系作战效能的评估指标体系。

6.2.1 知识图谱的构建

联合反舰作战体系知识图谱构建流程如图 6-7 所示。

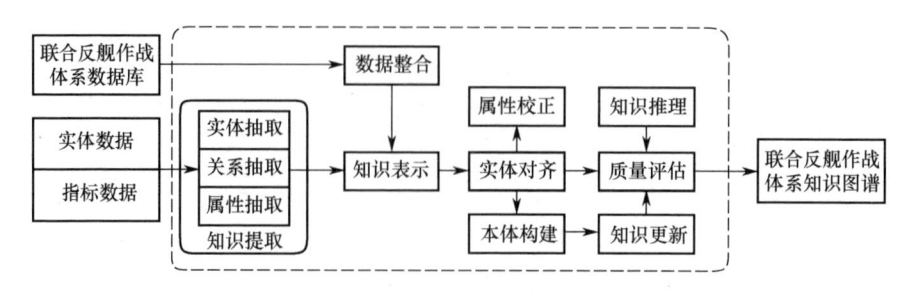

图 6-7 联合反舰作战体系知识图谱构建流程

首先是原始数据处理，由联合反舰作战仿真实验获取的数据集具有不同的形式，可能是结构化的、非结构化的及半结构化的，然后通过一系列自动化或半自动化的知识抽取手段从原始数据中提取若干实体和关系等知识要素，并将其存入知识库的模式层和数据层。

知识图谱的构建并不是一蹴而就的，而是不断更新迭代的，通过每一轮的更新迭代，知识图谱会逐渐扩展，最终形成覆盖某领域的完整知识图谱。每一轮更新迭代包含4个阶段，分别是知识储存、知识抽取、知识融合、知识计算。

（1）知识存储：根据联合反舰作战体系中包含的知识结构设计知识图谱底层的存储方式，用以对整体知识进行存储，联合反舰作战体系中包含的知识有作战基本属性知识、作战任务知识、武器装备知识、作战环境知识等。知识的存储方式将与后续的知识图谱应用有关，影响其效率。

（2）知识抽取：从完整的联合反舰作战整体知识中抽取知识实体、实体属性及实体之间的关系，并且形成初步的知识表达。

（3）知识融合：完成知识抽取后，需要进行知识融合，消除知识库中某些实体存在的歧义，如某些作战单元可能会有多种表达等情况。

（4）知识计算：对于经过融合的联合反舰作战知识，必须对其进行人工检验后，才能够将其中合格的知识加入知识库形成知识图谱，确保知识图谱的质量。

基于以上构建流程，构建本案例的知识图谱。联合反舰作战体系的知识图谱如图 6-8 所示，该知识图谱主要对联合反舰作战体系的要素以及联合反舰作战体系所处环境的主要因素（风力、雨量、云量、温度）之间的关系进行研究。

图 6-8 中白色实体代表联合反舰作战体系，深灰色实体代表效能度量指标，中灰色实体代表基础评估指标，浅灰色实体代表基础评估指标的因素。通过知识图谱可以实现对作战计划指标的具现化，能够更加直观地看到作战计划中各要素及指标之间的具体关系，为联合反舰作战计划评价模型的构建提供先验知识。

6.2.2 指标体系的构建

基于图 6-8 构建的知识图谱构建联合反舰作战体系效能评估指标体系如图 6-9 所示。

顶层为作战效能，包括侦察探测能力、突防能力、制导能力、打击能力、防御能力 5 项。侦察探测能力：体系对蓝方目标的侦察探测识别能力，在本案例中，通过雷达的实际探测距离和识别目标数量体现。突防能力：体系控制制导武器突破蓝方反导系统的能力，在本案例中，蓝方舰艇对红方导弹实施拦截，突防能力就是指红方导弹突破蓝方防御的能力，用突防导弹数量与发射导弹的总数之比来度量。制导能力：体系控制制导武器打击目标的能力，导弹突防后的命中率。打击能力：体系打击蓝方目标使目标受损的能力，在本案例中，用战斗结束后蓝方舰艇的损毁情况来度量。防御能力：体系在作战过程中的自保能力，红方战斗完成后的作战单元损毁情况。

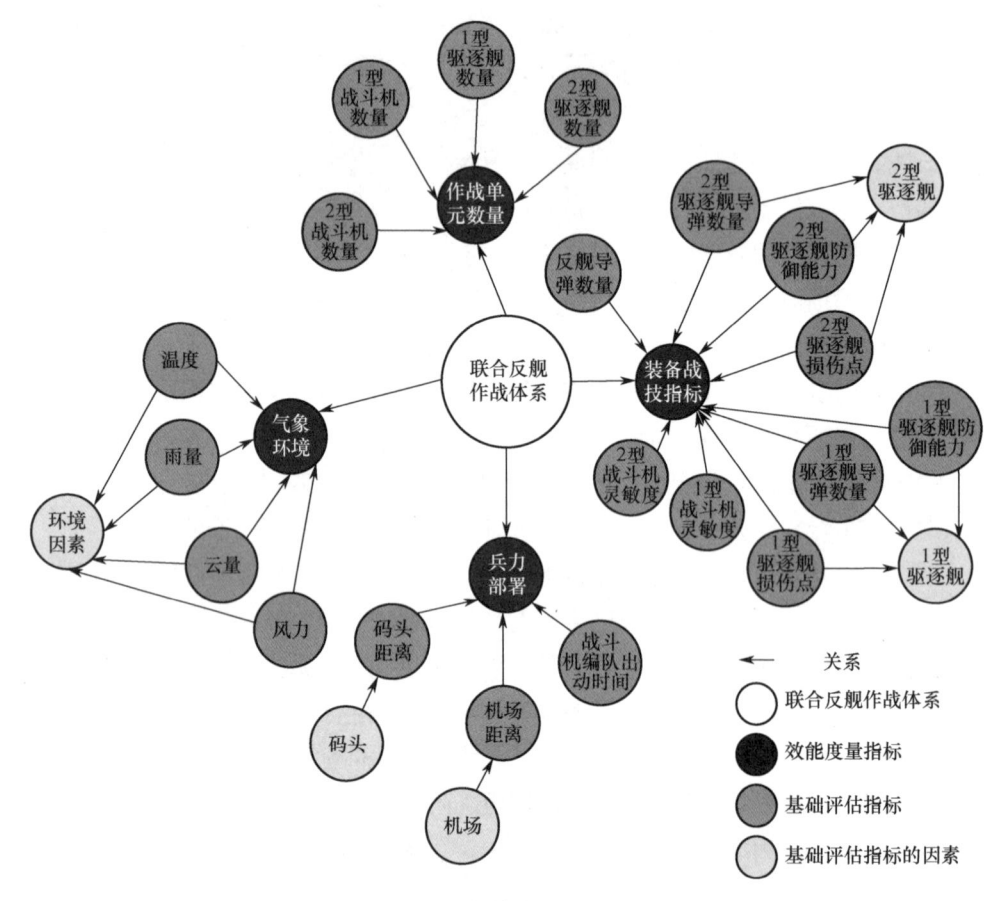

图 6-8 联合反舰作战体系的知识图谱

中间层包括作战单元数量、装备战技指标、兵力部署和气象环境。

（1）作战单元数量。作战单元数量包括 1 型战斗机数量、2 型战斗机数量、1 型驱逐舰数量、2 型驱逐舰数量。在联合反舰作战体系中，各作战单元的数量对体系的效能有直接的影响，红方作战单元包括两种型号战斗机、两种型号驱逐舰以及一辆导弹发射车。由于每种型号作战单元的战技指标不同，因此每种型号作战单元数量的不同会导致体系作战效能不同。

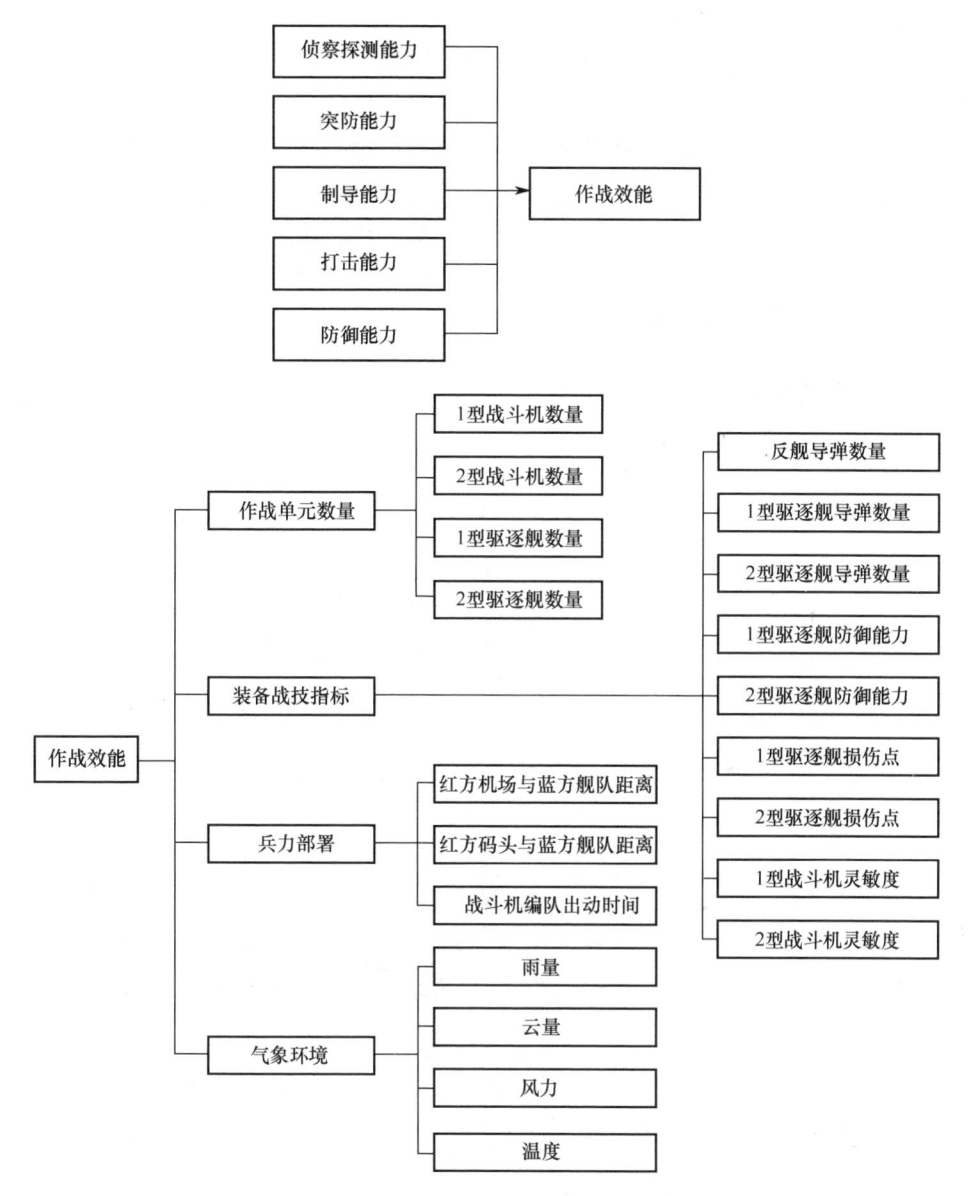

第6章 武器装备体系效能评估典型案例研究

图6-9 联合反舰作战体系效能评估指标体系

（2）装备战技指标。装备战技指标包括反舰导弹数量、两型驱逐舰战技指标以及两型战斗机战技指标。各作战单元具有不同的战技指标，部分战技指标对体系效能影响显著，如战斗机灵敏度及驱逐舰导弹数量等。

（3）兵力部署。兵力部署包括红方机场与蓝方舰队距离、红方码头与蓝方舰队距离以及战斗机编队出动时间。不同的兵力部署对最终的战斗结果有一定的影响。

· 123 ·

距离决定了交战双方开始交火的时间;战斗机编队出动时间直接影响战斗机编队加入战斗的时刻,影响最终的战斗结果。

(4)气象环境。气象环境包括雨量、云量、风力和温度。气象环境对武器装备的性能有一定的影响,如雨量、云量等影响战斗机飞行的平稳性以及制导武器的精确度,同时气象环境也对海况有一定的影响,间接影响驱逐舰的作战能力。

6.2.3 指标数据获取

1. 仿真场景搭建

利用联合作战推演系统搭建仿真场景的流程如图 6-10 所示。

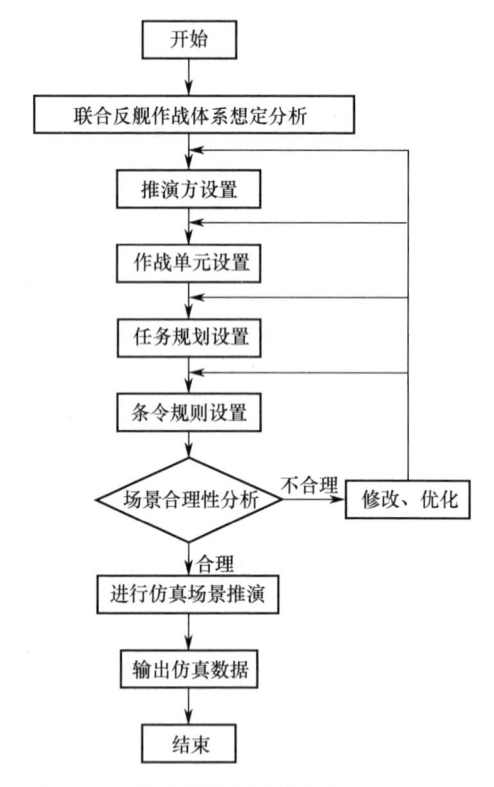

图 6-10 搭建仿真场景的流程

(1)联合反舰作战体系想定分析

分析体系中的推演方基本情况、作战单元的数量与位置、作战单元应执行的作战任务,以及在作战过程中作战单元需遵循的条令规则。

第6章 武器装备体系效能评估典型案例研究

（2）推演方设置

根据训练报告中的作战想定描述，设置红、蓝两个推演方，推演方彼此关系为敌对。推演开始时间为当地时间17:30。

（3）作战单元设置

根据训练报告中的作战想定描述，将场景设置于某海峡。

红方添加1辆远程超音速反舰导弹（Klub-M 导弹发射车）、1座单实体机场（1×4000m 跑道）、1座码头（超大型，45.1～200m）。4架米格-29KUB型"支点D"战斗机及4架苏-27SM/SM3型战斗机停放于机场；2艘 BPK 乌达洛伊"无畏"级驱逐舰及2艘 EM"现代"级导弹驱逐舰停靠于码头。

蓝方添加1个驱逐舰编队，由4艘 DDG86 肖普号宙斯盾导弹驱逐舰组成，距离红方机场 194.21km。

（4）任务规划设置

将红方4艘驱逐舰组成2个编队，设置海上巡逻任务，发现并识别出蓝方舰艇后开火。

将红方8架战斗机组成4个编队，设置支援任务，支援时间设置为红方舰队出动 2h 后。战斗机编队抵达战场后对蓝方舰队进行打击。

将反舰导弹设置到海上打击任务中，导弹发射时间设置为红方舰队出动后 2h。

蓝方舰队设置在规定海域中执行探测任务。

（5）条令规则设置

① 双方开火情况均设置为谨慎开火，即双方作战单元发现不明目标后，只有确认其属于敌对势力时，才对其进行打击。

② 双方发现和识别对方作战单元的概率均服从指数分布。

③ 双方舰艇武器携带量均为默认值，航线为任务规划默认值，最小作战编队为2艘舰艇。

④ 双方作战单元雷达均为打开状态，以便获取对方位置。

⑤ 红方战机携带高精度电视制导导弹（1机携带2枚）对蓝方舰艇进行打击，最小作战编队为2架战斗机，设置战斗机在双方舰艇交火时出动，以取得更高的任务完成率。

⑥ 作战时，红方作战单元雷达探测信息共享，所有作战单元共享情报。

仿真场景示意图如图 6-11 所示。

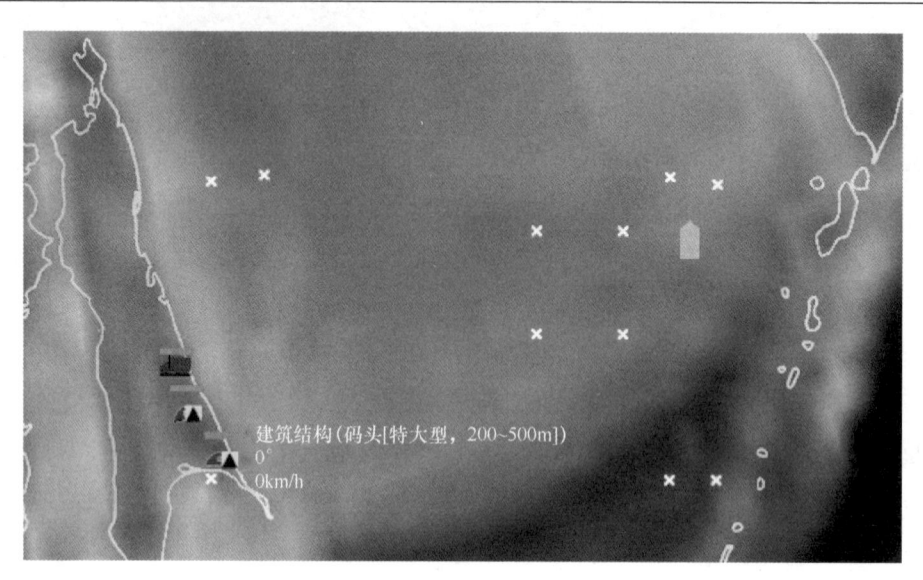

图 6-11 仿真场景示意图

2. 仿真数据获取

在案例中,初始情况如下。

(1) 作战单元数量

红方远程超音速反舰导弹(Klub-M 导弹发射车)1 辆、米格-29KUB 型"支点D"战斗机 4 架、苏-27SM/SM3 型战斗机 4 架、BPK 乌达洛伊"无畏"级驱逐舰 2 艘、EM"现代"级导弹驱逐舰 2 艘;蓝方 DDG86 肖普号宙斯盾导弹驱逐舰 4 艘。

(2) 装备战技指标

苏-27SM/SM3 型战斗机灵敏度为 4.5;米格-29KUB 型"支点 D"战斗机灵敏度为 4.9;EM"现代"级导弹驱逐舰携带反舰导弹 8 枚、损伤点为 1030、防御能力为 16 个等效导弹;BPK 乌达洛伊"无畏"级驱逐舰携带反舰导弹 8 枚、损伤点为 1070、防御能力为 16 个等效导弹。

(3) 兵力部署

红方机场与蓝方舰队距离为 194.21km、红方码头与蓝方舰队距离为 184.48km;红方战斗机编队出动时间为红方驱逐舰出动后 2h。

(4) 气象环境

雨量为 0,云量为 0,风力为 0,气温为 25℃。

在此初始情况下,改变作战单元数量、装备战技指标、兵力部署能力及气象环境的数值,并得到体系效能。各类指标具体取值如表 6-9 至表 6-12 所示。

第6章 武器装备体系效能评估典型案例研究

表6-9 作战单元数量取值

作战单元	初始数量	取值范围
苏-27SM/SM3型战斗机	4	{0,2,4,6}
米格-29KUB型"支点D"战斗机	4	{0,2,4,6}
EM"现代"级导弹驱逐舰	2	{0,1,2}
BPK乌达洛伊"无畏"级驱逐舰	2	{0,1,2}

表6-10 装备战技指标取值

作战单元	战技指标	初始值	取值范围
苏-27SM/SM3型战斗机	灵敏度	4.5	{4.5,2.5,4.9}
米格-29KUB型"支点D"战斗机	灵敏度	4.9	{4.9,4.5,3}
Klub-M导弹发射车	导弹数量	6	{0,6}
EM"现代"级导弹驱逐舰	导弹数量	8	{0,8}
EM"现代"级导弹驱逐舰	损伤点	1030	{1030,630}
EM"现代"级导弹驱逐舰	防御能力	16	{16,6}
BPK乌达洛伊"无畏"级驱逐舰	导弹数量	8	{8,4}
BPK乌达洛伊"无畏"级驱逐舰	损伤点	1070	{1070,700}
BPK乌达洛伊"无畏"级驱逐舰	防御能力	16	{16,6}

表6-11 兵力部署取值

类型	初始值	取值范围
红方机场与蓝方舰队距离	194.21km	{194.21,159,29,128.67,104.76,77.85,52.35}
红方码头与蓝方舰队距离	184.48km	{184.48,149.46,118.56,94.32,67.48,43.11}
战斗机编队出动时间	驱逐舰出动后2h	{2,1,0.5,1.5,2.5,3}

表6-12 气象环境取值

类型	初始数量	取值范围
雨量	0	{0,3,5,8,10}
云量	0	{0,3,5,8,10}
风力	0	{0,3,5,8,10}
气温	25℃	{30,25,20,15,10}

根据以上各战技指标的不同取值，进行排列组合，构建仿真场景，耗时 30 个工作日，共得到 12402 条原始仿真数据。

3. 数据处理

原始数据中各个参数的取值范围会因为量纲和特点的不同而差别较大。例如，反舰导弹、战斗机和舰艇的数量取值范围为 0~6，单位是个；红方机场与蓝方舰队距离和红方码头与蓝方舰队距离的取值范围为 40~200，单位是 km；温度的取值范围为 0~30，单位是℃。可以看到在原始数据中，数据具有多源异构性，量纲量级上差别较大，若不进行处理，则会导致在后续的模型训练过程中难以收敛，导致模型的评估精度下降。因此，为保证模型评估的精度，充分发挥数据的效能，需要对原始数据进行处理。

（1）数据归一化

数据归一化实际上就是通过数学公式将原始数据进行等比例缩放，在不改变数据结构的情况下将数据全部落到区间[0,1]上，数据归一化的公式如下。

$$X' = \frac{X - X_{\min}}{X_{\max} - X_{\min}} \quad (6\text{-}1)$$

式中，X 表示原样本数据；X' 表示归一化后的样本数据；$X_{\max}$ 表示 X 中的最大值；$X_{\min}$ 表示 X 中的最小值。

数据归一化适用于模型不涉及距离度量、协方差计算和数据不符合正态分布的情况，它的缺点是无法消除量纲对方差、协方差的影响。

（2）数据标准化

Z-score 规范化（零-均值规范化）也称标准差标准化，经过处理的数据的均值为 0，标准差为 1，转换公式如下。

$$x^* = \frac{x - \bar{x}}{\sigma} \quad (6\text{-}2)$$

式中，$\bar{x}$ 为原始数据的均值；σ 为原始数据的标准差，是当前用得最多的数据标准化方式，大于均值的数据会被处理成正标准化数，小于均值的数据会被处理成负标准化数。

因为不同参数的方差差异较大，所以我们选择采用数据标准化方法对原始数据进行标准化处理。

6.3 深度学习模型构建

获取数据样本后,根据数据结构情况构建深度学习评估模型,案例拟采用卷积神经网络模型作为体系效能的评价模型。

6.3.1 深度学习模型构建过程

对数据中的5个输出分别建立5个卷积神经网络模型(简称模型)。5个模型的输入都是 x=[反舰导弹数量,1型战斗机数量,2型战斗机数量,1型战斗机灵敏度,2型战斗机灵敏度,1型驱逐舰数量,2型驱逐舰数量,1型驱逐舰导弹数量,2型驱逐舰导弹数量,1型驱逐舰损伤点,2型驱逐舰损伤点,1型驱逐舰防御能力,2型驱逐舰防御能力,红方机场与蓝方舰队距离,红方码头与蓝方舰队距离,战斗机出动时间,雨量,云量,风力,温度]。5个模型的输出分别是侦察探测能力、制导能力、突防能力、打击能力、防御能力。

一般来说,卷积神经网络都是由卷积层、池化层和全连接层组成的。从4.2.2节对池化层的功能介绍中可以知道,池化层会导致每层网络中的神经元数量大量减少,从而达到简化网络、减少计算量的目的。对于体系效能评估问题,从上层网络传递给池化层的数据中包含一些隐含信息,有利于提升模型的训练效果。如果使用最大池化法,则可能导致数据中部分次要的隐藏特征被模糊处理;如果采用平均池化法,则可能导致某些关键的特征被去除掉;如果采用随机池化法,则可能导致多种特征丢失。综合来看,在作战效能评估模型中使用池化层均会导致特征缺失,从而降低评估精度。为此,本案例用于联合反舰作战体系效能评估的卷积神经网络模型中,不添加使用池化层。本案例用于作战效能预测的卷积神经网络模型由2个卷积层、1个全连接层和1个LayerNorm(LN)层组成,其中第一个隐藏层是一个一维卷积层,用于提取样本内部特征,然后连接一个LayerNorm层,用于每个样本的所有特征做归一化,之后再连接一个一维卷积层,进一步挖掘样本深层特征,最后连接一个全连接层,将提取的隐藏特征转换为输出值。

一般情况下,卷积神经网络模型的输入端包含数据特征的图片,而本案例获取的仿真数据包含20个特征的一维数据,所以案例数据不能直接输入模型中。因此,需要先将一维仿真数据增加一个通道维度,使其转化为二维数据,再将其输入卷积神经网络模型中用于卷积层的特征提取,然后在连接全连接层之前,又需要将其转换为一维向量进行作战效能评估。基于卷积神经网络的作战效能模型结构如图6-12所示。

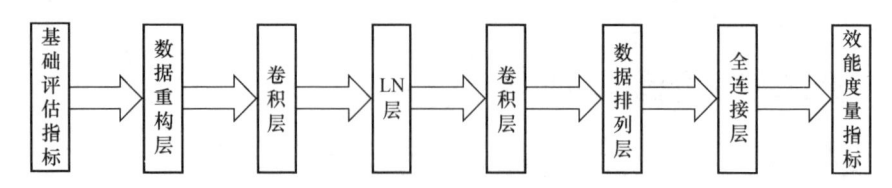

基础评估指标 → 数据重构层 → 卷积层 → LN层 → 卷积层 → 数据排列层 → 全连接层 → 效能度量指标

图 6-12　基于卷积神经网络的作战效能模型结构

6.3.2　深度学习模型性能分析

采用的基于卷积神经网络的作战效能模型中，模型通过自适应矩估计（Adam）梯度下降法来训练，迭代更新参数。因此，模型的输入样本为：$\boldsymbol{X}^{(0)}=[x_1,x_2,\cdots,x_{20}]^\mathrm{T}$，模型的输出样本为需要预测的作战效能指标 Y。

在 5 个模型中，将学习率设为 0.0001，批量大小设为 16。以均方误差（Mean Square Error，MSE）作为损失函数，随机从 2480 个样本中选取 2000 个样本作为训练集，剩下的 480 个样本作为测试集。为了评价模型的预测效果，在测试集上使用平均绝对误差（Mean Absolute Error，MAE）计算预测值与真实值之间的差距。

接下来对 5 个模型的结果分别进行分析。

（1）侦察探测能力

如图 6-13 所示，在训练过程中，随着迭代次数不断增加，无论是训练误差还是测试误差都是逐渐减小的，最终最佳的训练误差为 0.005，测试误差为 0.003，测试平均绝对误差为 0.043。在测试集中取 50 个样本，将其输入模型得到的预测值和真实值对比如图 6-14 所示。

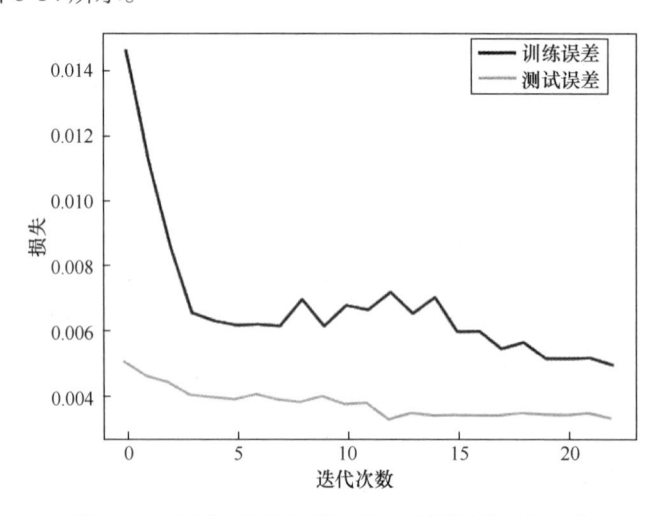

图 6-13　模型 1 训练过程与验证过程误差变化曲线

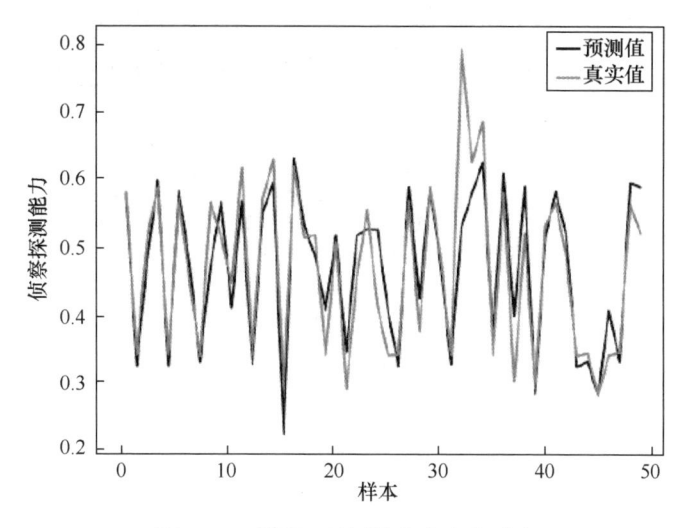

第 6 章　武器装备体系效能评估典型案例研究

图 6-14　模型 1 预测值和真实值对比

（2）制导能力

如图 6-15 所示，在训练过程中，随着迭代次数不断增加，无论是训练误差还是测试误差都是逐渐减小的，最终最佳的训练误差为 0.002，测试误差为 0.001，测试平均绝对误差为 0.024。在测试集中取 50 个样本，将其输入模型得到的预测值和真实值对比如图 6-16 所示。

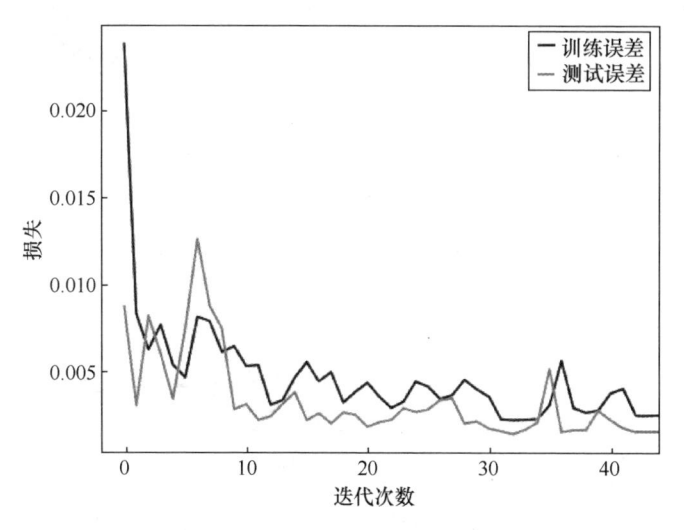

图 6-15　模型 2 训练过程与验证过程误差变化曲线

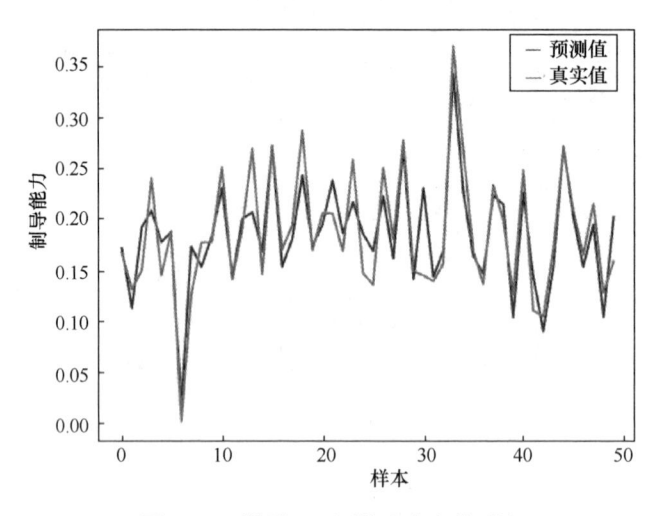

图 6-16　模型 2 预测值和真实值对比

（3）突防能力

如图 6-17 所示，在训练过程中，随着迭代次数不断增加，无论是训练误差还是测试误差都是逐渐减小的，最终最佳的训练误差为 0.0050，测试误差为 0.0030，测试平均绝对误差为 0.0400。在测试集中取 50 个样本，将其输入模型得到的预测值和真实值对比如图 6-18 所示。

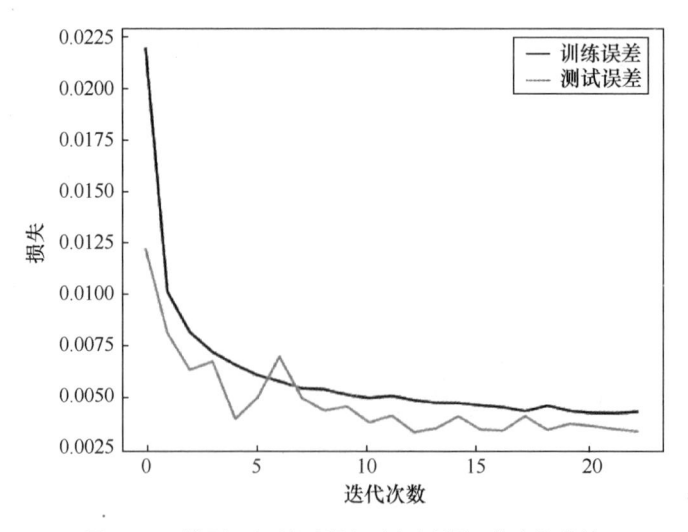

图 6-17　模型 3 训练过程与验证过程误差变化曲线

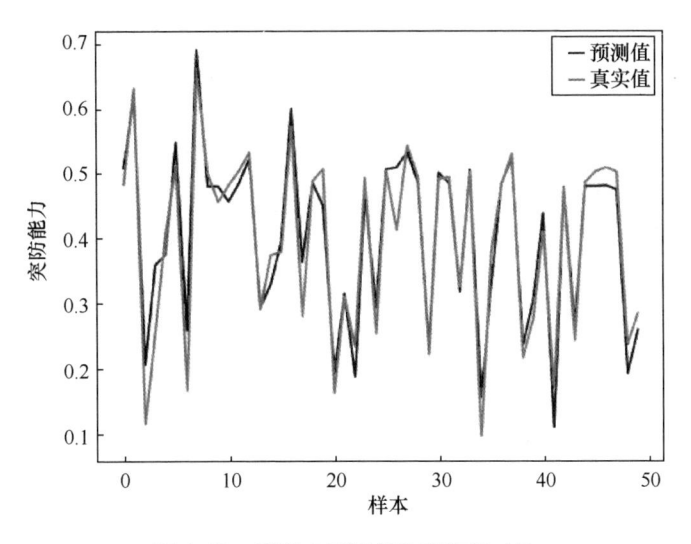

第6章 武器装备体系效能评估典型案例研究

图 6-18 模型 3 预测值和真实值对比

（4）打击能力

如图 6-19 所示，在训练过程中，随着迭代次数不断增加，无论是训练误差还是测试误差都是逐渐减小的，最终最佳的训练误差为 0.015，测试误差为 0.013，测试平均绝对误差为 0.082。在测试集中随机取一个批量大小的样本，将其输入模型得到的预测值和真实值对比如图 6-20 所示。

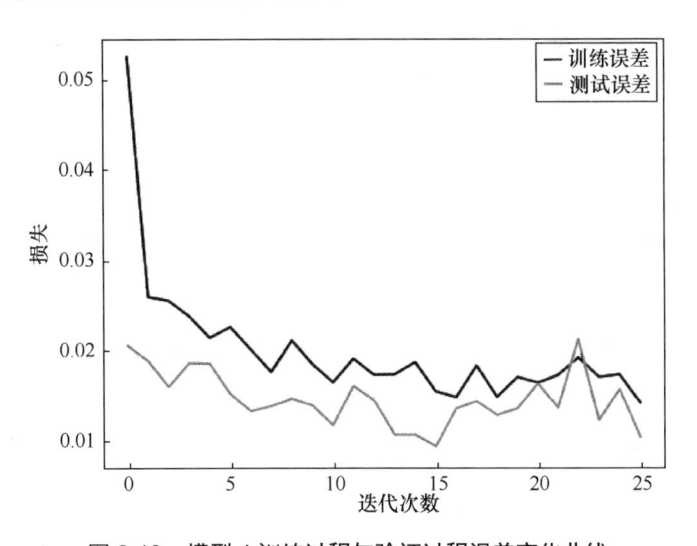

图 6-19 模型 4 训练过程与验证过程误差变化曲线

· 133 ·

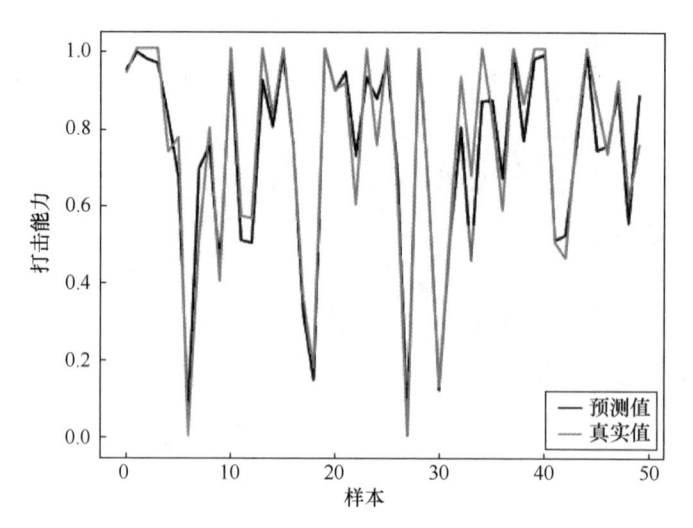

图 6-20　模型 4 预测值和真实值对比

（5）防御能力

如图 6-21 所示，在训练过程中，随着迭代次数不断增加，无论是训练误差还是测试误差都是逐渐减小的，最终最佳的训练误差为 0.015，测试误差为 0.009，测试平均绝对误差为 0.068。在测试集中随机取一个批量大小的样本，将其输入模型得到的预测值和真实值对比如图 6-22 所示。

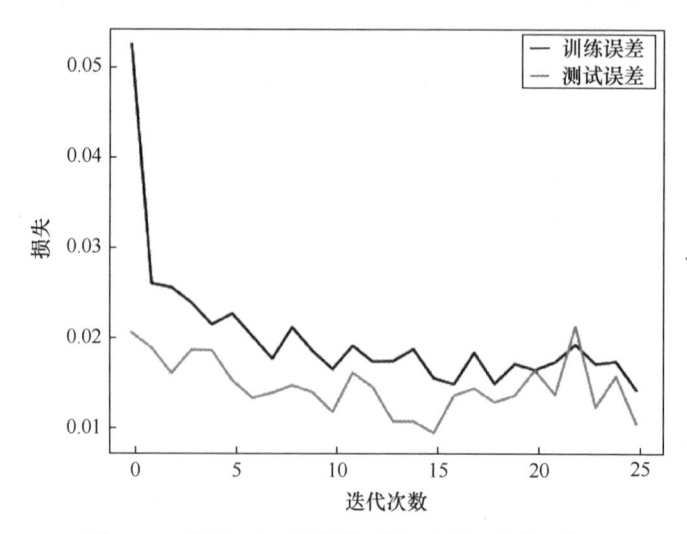

图 6-21　模型 5 训练过程与验证过程误差变化曲线

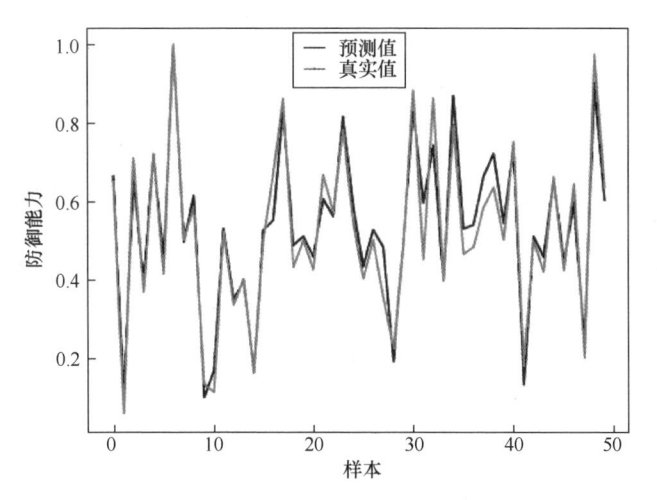

图 6-22　模型 5 预测值和真实值对比

综合上述结果，5 个模型所对应的评价结果如表 6-13 所示。

表 6-13　模型评价结果

指标	训练损失	验证损失	验证 MAE
侦察探测能力	0.005	0.003	0.043
制导能力	0.002	0.001	0.024
突防能力	0.005	0.003	0.040
打击能力	0.015	0.013	0.082
防御能力	0.015	0.009	0.068

实验结果表明，基于卷积神经网络的作战效能模型对 5 种作战指标都有较好的拟合效果。其中，对制导能力的拟合效果最好，平均绝对误差仅有 0.024，对打击能力的拟合效果最差，但平均绝对误差也不到 0.1。以上对评估模型训练与预测结果说明了构建的深度学习模型能较好地实现对作战效能的评估。

6.4　典型案例的灵敏度分析

由于方差分解灵敏度分析方法能够有效地衡量单个输入变量对输出变量的方差贡献以及不同输入变量之间的交互作用对输出变量的方差贡献，因此本项目将其应用于深度学习模型与仿真数据中开展灵敏度分析。灵敏度分析流程如图 6-23 所示。

图 6-23 灵敏度分析流程

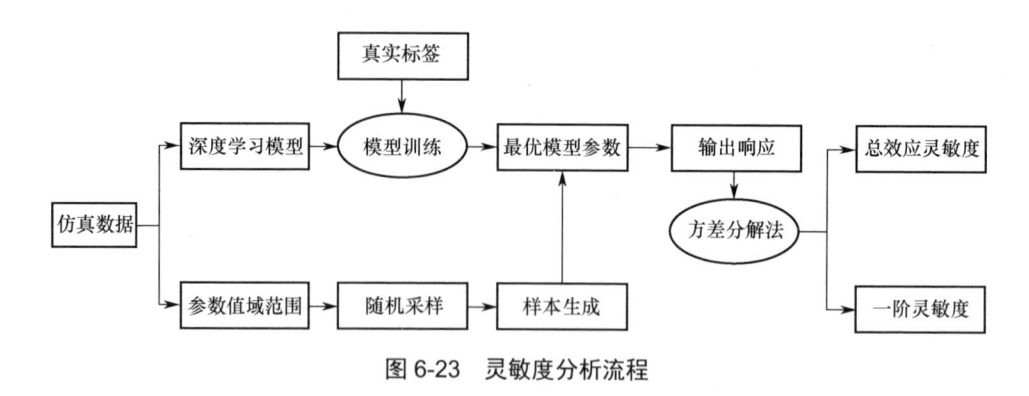

根据仿真结果，模型共计存在 20 个输入参数及 5 个输出参数，输出参数包括侦察探测能力、制导能力、突防能力、打击能力和防御能力。因此，本项目分别针对各输出参数构建深度学习模型，并将第 i 个输入参数的变化范围设定为 $[0, 2\max(X_i)]$，进而分别计算一阶灵敏度以及总效应灵敏度。同时，定义一阶灵敏度较大的前 5 个参数为敏感参数，一阶灵敏度居中的 10 个参数为饱和参数，后 5 个参数为可行参数。分析结果总结如下。

（1）侦察探测能力

根据方差分解灵敏度分析的总效应灵敏度计算原理，计算得到各输入参数对侦察探测能力的灵敏度分析结果，如表 6-14 和图 6-24（a）所示。侦察探测能力表征的是红方作战单元对蓝方军事单元的感知侦察能力，从分析结果来看，战斗机出动时间的总效应灵敏度及一阶灵敏度均取得最大值，这说明该变量对侦察探测能力的影响最为显著。从作战原理来看，战斗机具有更大的作战半径，常被用于对蓝方作战单元的侦察工作，因此能够较为精准地实现战场态势感知。因此，实验结果与理论分析保持一致，证明了应用方差分解开展作战装备灵敏度分析的合理性与有效性。同时，根据表 6-14 和图 6-24（b）中展示的一阶灵敏度分析结果可以发现，各输入参数的一阶灵敏度与上述总效应灵敏度保持一致。此外，由于气象条件会显著影响战斗机的作战性能，因此雨量同样也是影响侦察探测能力的重要因素（ST 排名第 4）。

表 6-14 侦察探测能力的灵敏度分析结果

总效应灵敏度			一阶灵敏度		
输入参数（#1~#20）	ST	置信度	输入参数（#1~#20）	S1	置信度
反舰导弹数量	0.006	0.001	反舰导弹数量	0.000	0.006
1 型战斗机数量	0.003	0.000	1 型战斗机数量	0.001	0.005

(续表)

总效应灵敏度			一阶灵敏度		
输入参数（#1～#20）	ST	置信度	输入参数（#1～#20）	S1	置信度
2型战斗机数量	0.003	0.000	2型战斗机数量	−0.004	0.004
1型战斗机灵敏度	0.066	0.007	1型战斗机灵敏度	0.055	0.023
2型战斗机灵敏度	0.013	0.002	2型战斗机灵敏度	0.010	0.011
1型驱逐舰数量	0.008	0.001	1型驱逐舰数量	0.003	0.007
2型驱逐舰数量	0.005	0.001	2型驱逐舰数量	0.001	0.006
1型驱逐舰导弹数量	0.031	0.006	1型驱逐舰导弹数量	0.020	0.014
2型驱逐舰导弹数量	0.040	0.005	2型驱逐舰导弹数量	0.024	0.015
1型驱逐舰损伤点	0.182	0.021	1型驱逐舰损伤点	0.151	0.034
2型驱逐舰损伤点	0.032	0.005	2型驱逐舰损伤点	0.021	0.017
1型驱逐舰防御能力	0.024	0.003	1型驱逐舰防御能力	0.004	0.013
2型驱逐舰防御能力	0.015	0.002	2型驱逐舰防御能力	0.002	0.011
红方机场与蓝方舰队距离	0.036	0.006	红方机场与蓝方舰队距离	0.015	0.017
红方码头与蓝方舰队距离	0.038	0.005	红方码头与蓝方舰队距离	0.020	0.018
战斗机出动时间	0.526	0.053	战斗机出动时间	0.492	0.066
雨量	0.042	0.004	雨量	0.039	0.018
云量	0.023	0.003	云量	0.020	0.014
风力	0.005	0.001	风力	0.009	0.006
温度	0.003	0.000	温度	−0.001	0.004

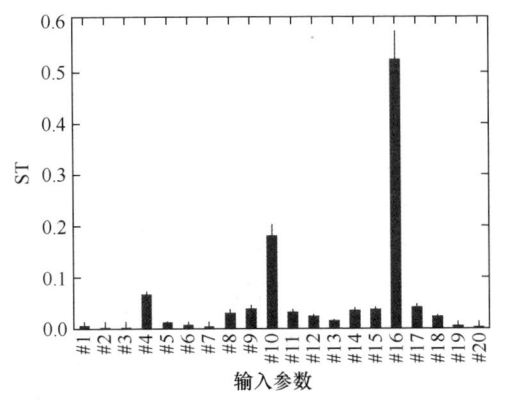

(a) 总效应灵敏度

图 6-24 侦察探测能力的总效应灵敏度及一阶灵敏度分析结果

(b) 一阶灵敏度

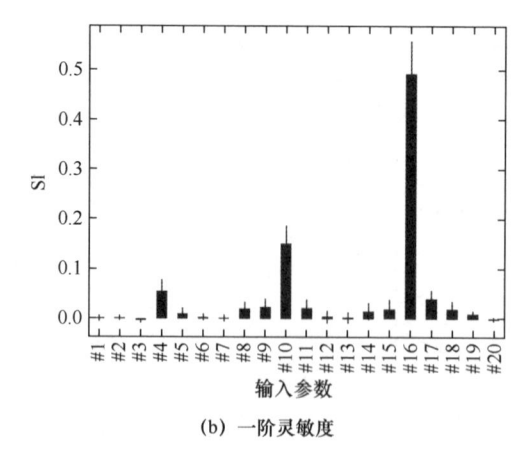

图 6-24 侦察探测能力的总效应灵敏度及一阶灵敏度分析结果（续）

侦察探测能力的二阶灵敏度分析结果如图 6-25 所示，参数类型如表 6-15 所示。

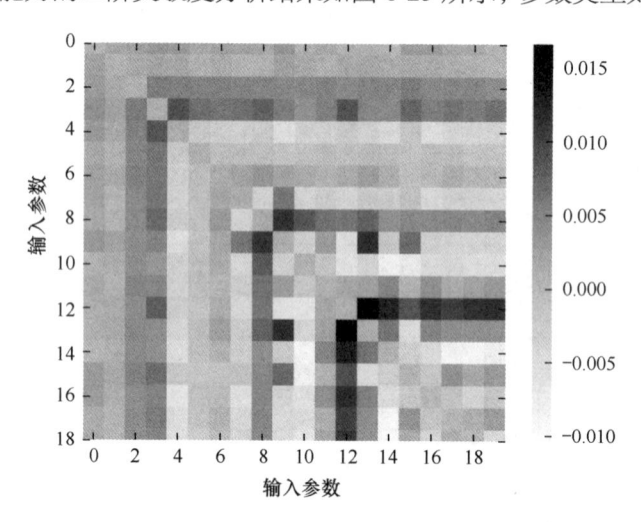

图 6-25 侦察探测能力的二阶灵敏度分析结果

表 6-15　参数类型

参数类型	具体参数
敏感参数	战斗机出动时间、1 型驱逐舰损伤点、1 型战斗机灵敏度、雨量、2 型驱逐舰导弹数量
饱和参数	红方码头与蓝方舰队距离、红方机场与蓝方舰队距离、2 型驱逐舰损伤点、1 型驱逐舰导弹数量、1 型驱逐舰防御能力、云量、2 型驱逐舰防御能力、2 型战斗机灵敏度、1 型驱逐舰数量、反舰导弹数量
可行参数	2 型驱逐舰数量、风力、1 型战斗机数量、2 型战斗机数量、温度

第6章 武器装备体系效能评估典型案例研究

（2）制导能力

表 6-16 与图 6-26 展示了各输入参数关于制导能力的灵敏度分析结果。从分析结果来看，战斗机出动时间、1 型驱逐舰防御能力、1 型驱逐舰数量、2 型驱逐舰导弹数量、1 型驱逐舰损伤点的总效应灵敏度排名前 5，这些参数是制导能力敏感参数。其中，总效应灵敏度最大的输入参数仍为战斗机出动时间，这说明战斗机能够有效突破蓝方舰艇防御，具有良好的制导能力。此外，在敏感参数中，存在大量与 1 型驱逐舰相关的输入参数，这说明 1 型驱逐舰的作战能力对制导能力具有较为显著的影响。这是由于两种驱逐舰技术装备存在明显的差异，因此在与蓝方舰艇作战的过程中，主要依赖于 1 型驱逐舰与战斗机，而 2 型驱逐舰主要起辅助作用。

表 6-16 制导能力的灵敏度分析结果

总效应灵敏度			一阶灵敏度		
输入参数（#1~#20）	ST	置信度	输入参数（#1~#20）	S1	置信度
反舰导弹数量	0.020	0.003	反舰导弹数量	0.021	0.014
1 型战斗机数量	0.008	0.001	1 型战斗机数量	0.001	0.007
2 型战斗机数量	0.007	0.001	2 型战斗机数量	0.005	0.007
1 型战斗机灵敏度	0.096	0.012	1 型战斗机灵敏度	0.072	0.027
2 型战斗机灵敏度	0.032	0.005	2 型战斗机灵敏度	0.014	0.017
1 型驱逐舰数量	0.182	0.037	1 型驱逐舰数量	0.052	0.036
2 型驱逐舰数量	0.020	0.004	2 型驱逐舰数量	0.002	0.012
1 型驱逐舰导弹数量	0.081	0.013	1 型驱逐舰导弹数量	0.013	0.026
2 型驱逐舰导弹数量	0.154	0.025	2 型驱逐舰导弹数量	0.025	0.033
1 型驱逐舰损伤点	0.113	0.014	1 型驱逐舰损伤点	0.029	0.029
2 型驱逐舰损伤点	0.099	0.014	2 型驱逐舰损伤点	−0.005	0.025
1 型驱逐舰防御能力	0.205	0.031	1 型驱逐舰防御能力	0.106	0.040
2 型驱逐舰防御能力	0.034	0.006	2 型驱逐舰防御能力	−0.018	0.017
红方机场与蓝方舰队距离	0.054	0.008	红方机场与蓝方舰队距离	0.009	0.021
红方码头与蓝方舰队距离	0.048	0.009	红方码头与蓝方舰队距离	0.014	0.021
战斗机出动时间	0.300	0.039	战斗机出动时间	0.204	0.041
雨量	0.035	0.009	雨量	0.018	0.015
云量	0.012	0.002	云量	0.004	0.010
风力	0.021	0.004	风力	0.011	0.013
温度	0.004	0.001	温度	0.004	0.007

(a) 总效应灵敏度

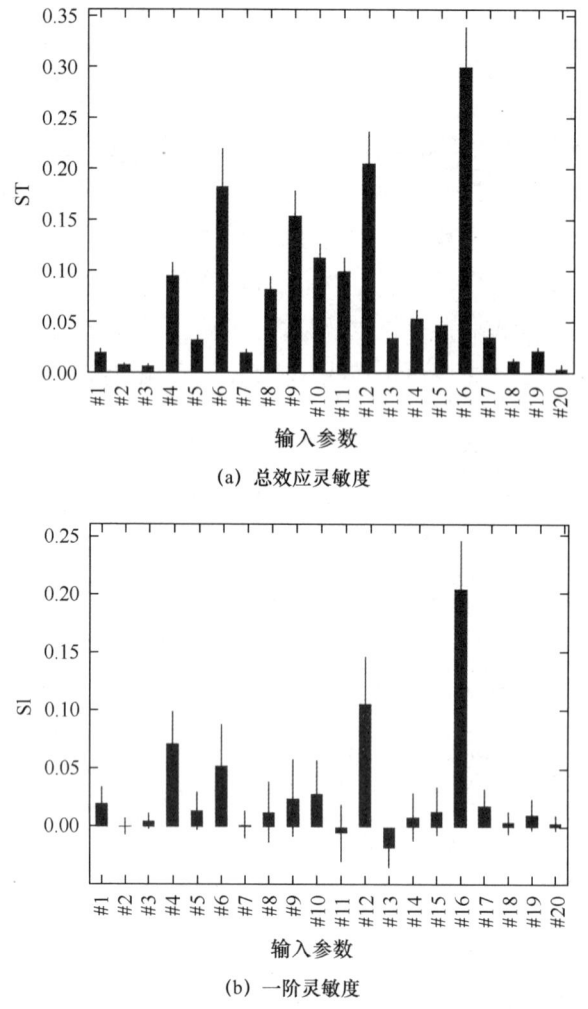

(b) 一阶灵敏度

图 6-26 制导能力的总效应灵敏度及一阶灵敏度分析结果

制导能力的二阶灵敏度分析结果如图 6-27 所示，参数类型如表 6-17 所示。

（3）突防能力

利用相同的分析流程，对突防能力开展灵敏度分析，分析结果如表 6-18 和图 6-28 所示。从分析结果中可以发现，对突防能力灵敏度最高的输入参数同样为战斗机出动时间，总效应灵敏度及一阶灵敏度取值均为 0.25 左右，这说明战斗机出动时间对突防能力具有极为显著的影响。

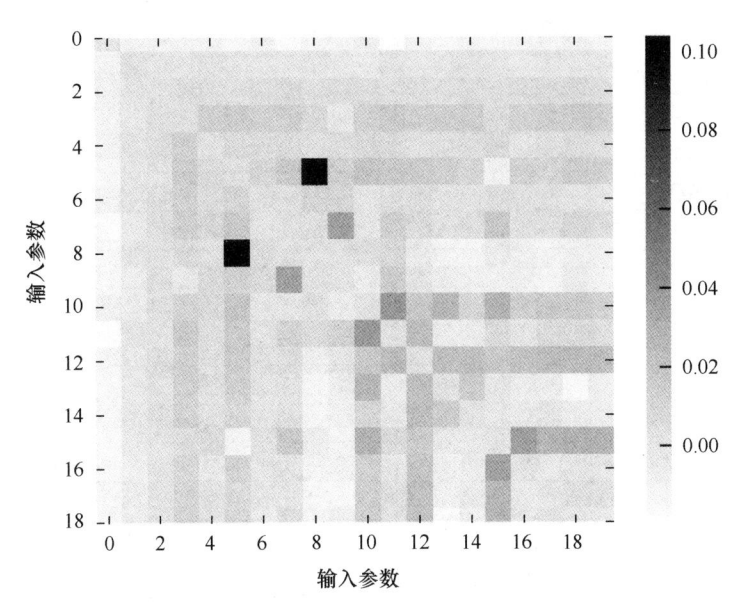

图 6-27 制导能力的二阶灵敏度分析结果

表 6-17 参数类型

参数类型	具体参数
敏感参数	战斗机出动时间、1型驱逐舰防御能力、1型驱逐舰数量、2型驱逐舰导弹数量、1型驱逐舰损伤点
饱和参数	2型驱逐舰损伤点、1型战斗机灵敏度、1型驱逐舰导弹数量、红方机场与蓝方舰队距离、红方码头与蓝方舰队距离、雨量、2型驱逐舰防御能力、2型战斗机灵敏度、风力、反舰导弹数量
可行参数	2型驱逐舰数量、云量、1型战斗机数量、2型战斗机数量、温度

此外，总效应灵敏度排名第 2、3 位的输入参数为 1 型驱逐舰防御能力及 1 型驱逐舰损伤点。这是由于在战争中往往以打击蓝方有生力量为主要任务，由于蓝方舰艇的技术装备较为领先，攻击范围更广，当红方 1 型驱逐舰防御能力较弱时，蓝方舰艇容易在远距离直接击毁红方舰艇，使红方舰艇丧失反击能力，进而难以起到杀伤蓝方舰艇的效果。但是，当红方 1 型驱逐舰防御能力较强时，能够有效防卫蓝方舰艇的第一波攻击，进而予以还击。同理，1 型驱逐舰损伤点也是由于相似的原因而取得了较大的灵敏度。

表 6-18 突防能力的灵敏度分析结果

总效应灵敏度			一阶灵敏度		
输入参数（#1~#20）	ST	置信度	输入参数（#1~#20）	S1	置信度
反舰导弹数量	0.006	0.001	反舰导弹数量	0.001	0.007
1 型战斗机数量	0.037	0.005	1 型战斗机数量	0.032	0.018
2 型战斗机数量	0.062	0.008	2 型战斗机数量	0.056	0.021
1 型战斗机灵敏度	0.022	0.004	1 型战斗机灵敏度	−0.001	0.012
2 型战斗机灵敏度	0.082	0.010	2 型战斗机灵敏度	0.048	0.026
1 型驱逐舰数量	0.080	0.013	1 型驱逐舰数量	−0.013	0.026
2 型驱逐舰数量	0.031	0.005	2 型驱逐舰数量	0.010	0.016
1 型驱逐舰导弹数量	0.048	0.008	1 型驱逐舰导弹数量	−0.002	0.020
2 型驱逐舰导弹数量	0.092	0.014	2 型驱逐舰导弹数量	0.010	0.026
1 型驱逐舰损伤点	0.219	0.025	1 型驱逐舰损伤点	0.178	0.045
2 型驱逐舰损伤点	0.028	0.005	2 型驱逐舰损伤点	0.000	0.014
1 型驱逐舰防御能力	0.237	0.028	1 型驱逐舰防御能力	0.180	0.040
2 型驱逐舰防御能力	0.013	0.002	2 型驱逐舰防御能力	0.019	0.010
红方机场与蓝方舰队距离	0.014	0.002	红方机场与蓝方舰队距离	0.011	0.009
红方码头与蓝方舰队距离	0.022	0.004	红方码头与蓝方舰队距离	0.003	0.010
战斗机出动时间	0.271	0.027	战斗机出动时间	0.243	0.046
雨量	0.008	0.001	雨量	0.000	0.008
云量	0.007	0.001	云量	0.002	0.007
风力	0.004	0.000	风力	0.004	0.006
温度	0.001	0.000	温度	0.000	0.002

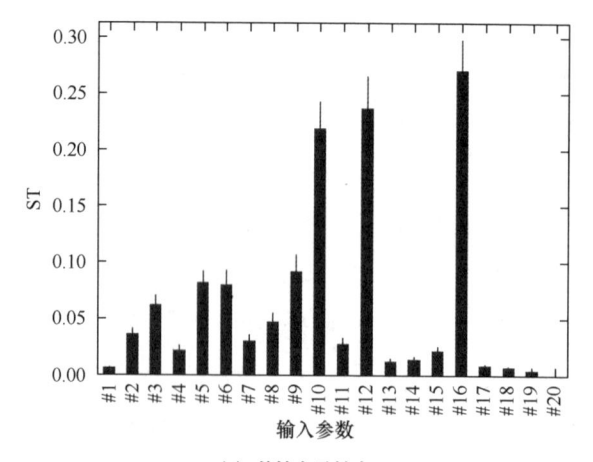

(a) 总效应灵敏度

图 6-28 突防能力的总效应灵敏度及一阶灵敏度分析结果

(b) 一阶灵敏度

图 6-28　突防能力的总效应灵敏度及一阶灵敏度分析结果（续）

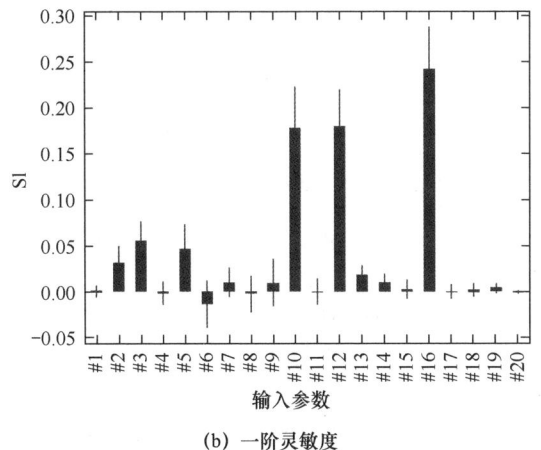

突防能力的二阶灵敏度分析结果如图 6-29 所示，参数类型如表 6-19 所示。

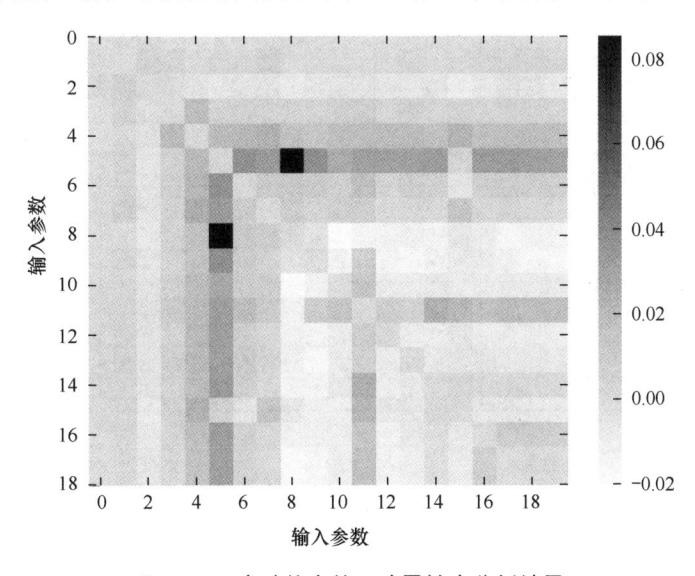

图 6-29　突防能力的二阶灵敏度分析结果

表 6-19　参数类型

参数类型	具体参数
敏感参数	战斗机出动时间、1 型驱逐舰防御能力、1 型驱逐舰损伤点、2 型驱逐舰导弹数量、2 型战斗机灵敏度
饱和参数	1 型驱逐舰数量、2 型战斗机数量、1 型驱逐舰导弹数量、1 型战斗机数量、2 型驱逐舰数量、2 型驱逐舰损伤点、1 型战斗机灵敏度、红方码头与蓝方舰队距离、红方机场与蓝方舰队距离、2 型驱逐舰防御能力
可行参数	雨量、云量、反舰导弹数量、风力、温度

（4）打击能力

表 6-20 与图 6-30 展示了各输入参数关于打击能力的灵敏度分析结果。从分析结果中可以发现，关于打击能力的总效应灵敏度较高的输入参数集中于各类战斗机、驱逐舰的攻击性指标，与理论分析结果保持一致。

表 6-20　打击能力的灵敏度分析结果

总效应灵敏度			一阶灵敏度		
输入参数（#1～#20）	ST	置信度	输入参数（#1～#20）	S1	置信度
反舰导弹数量	0.118	0.021	反舰导弹数量	0.079	0.023
1 型战斗机数量	0.039	0.009	1 型战斗机数量	0.018	0.017
2 型战斗机数量	0.081	0.014	2 型战斗机数量	0.034	0.023
1 型战斗机灵敏度	0.043	0.009	1 型战斗机灵敏度	0.017	0.018
2 型战斗机灵敏度	0.051	0.012	2 型战斗机灵敏度	0.014	0.026
1 型驱逐舰数量	0.129	0.026	1 型驱逐舰数量	0.080	0.029
2 型驱逐舰数量	0.151	0.031	2 型驱逐舰数量	0.085	0.036
1 型驱逐舰导弹数量	0.068	0.018	1 型驱逐舰导弹数量	0.011	0.022
2 型驱逐舰导弹数量	0.154	0.027	2 型驱逐舰导弹数量	0.044	0.029
1 型驱逐舰损伤点	0.331	0.049	1 型驱逐舰损伤点	0.150	0.054
2 型驱逐舰损伤点	0.003	0.001	2 型驱逐舰损伤点	0.001	0.005
1 型驱逐舰防御能力	0.010	0.003	1 型驱逐舰防御能力	0.006	0.008
2 型驱逐舰防御能力	0.010	0.002	2 型驱逐舰防御能力	0.002	0.008
红方机场与蓝方舰队距离	0.035	0.007	红方机场与蓝方舰队距离	0.010	0.016
红方码头与蓝方舰队距离	0.023	0.005	红方码头与蓝方舰队距离	0.005	0.013
战斗机出动时间	0.144	0.031	战斗机出动时间	0.056	0.030
雨量	0.009	0.002	雨量	0.007	0.010
云量	0.002	0.000	云量	−0.001	0.003
风力	0.001	0.000	风力	−0.002	0.003
温度	0.003	0.001	温度	0.003	0.005

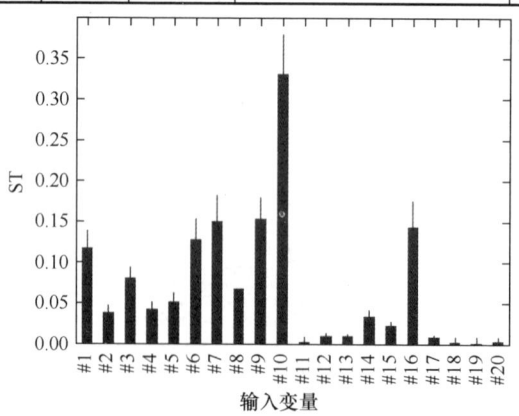

(a) 总效应灵敏度

图 6-30　打击能力的总效应灵敏度及一阶灵敏度分析结果

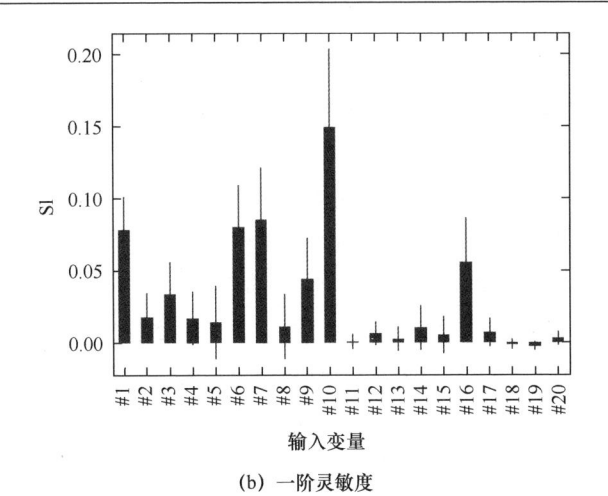

第 6 章 武器装备体系效能评估典型案例研究

(b) 一阶灵敏度

图 6-30 打击能力的总效应灵敏度及一阶灵敏度分析结果（续）

打击能力的二阶灵敏度分析结果如图 6-31 所示，参数类型如表 6-21 所示。

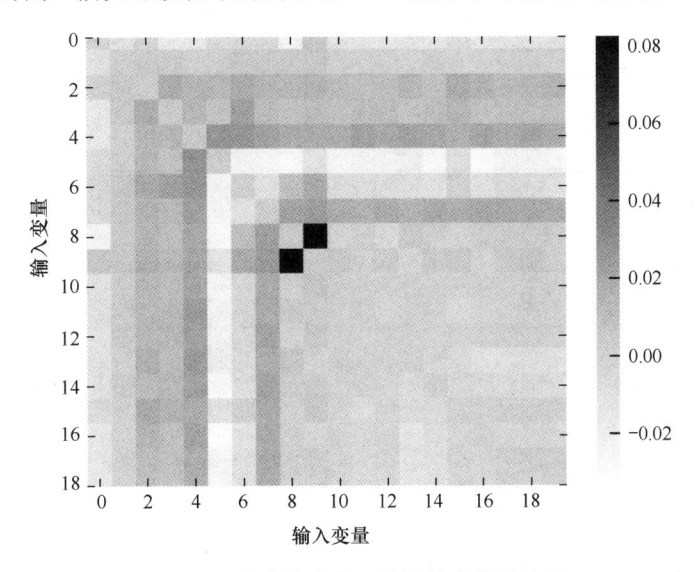

图 6-31 打击能力的二阶灵敏度分析结果

表 6-21 参数类型

参数类型	具体参数
敏感参数	1 型驱逐舰损伤点、2 型驱逐舰导弹数量、2 型驱逐舰数量、战斗机出动时间、1 型驱逐舰数量
饱和参数	反舰导弹数量、2 型战斗机数量、1 型驱逐舰导弹数量、2 型战斗机灵敏度、1 型战斗机灵敏度、1 型战斗机数量、红方机场与蓝方舰队距离、红方码头与蓝方舰队距离、1 型驱逐舰防御能力、2 型驱逐舰防御能力
可行参数	雨量、2 型驱逐舰损伤点、温度、云量、风力

（5）防御能力

以上内容为对蓝方作战单元损毁情况的灵敏度分析，表 6-22 与图 6-32 进一步展示了红方作战单元防御能力的全局灵敏度分析结果。分析结果表明，不论是总效应灵敏度还是一阶灵敏度，战斗机出动时间这一参数的值均为最大，说明其对红方作战单元防御能力的影响程度最大。这是由于在现有反舰体系中，空中作战力量的重要性越发凸显。根据侦察探测能力、制导能力、突防能力、打击能力的灵敏度分析结果可以看出，战斗机出动时间通常具有较高的总效应灵敏度，能够在侦察、反舰、突击等多方面发挥关键性作用。因此，当战斗机出动时间较长时，能够加强对于战场态势的实时感知能力，并且能够对蓝方舰艇起到较强的攻击作用，从而起到杀伤蓝方、保护红方的功能。因此，该输入参数对红方作战单元的防御能力具有最为显著的影响。

表 6-22 防御能力的灵敏度分析结果

总效应灵敏度			一阶灵敏度		
输入参数（#1~#20）	ST	置信度	输入参数（#1~#20）	S1	置信度
反舰导弹数量	0.002	0.000	反舰导弹数量	0.001	0.004
1 型战斗机数量	0.005	0.001	1 型战斗机数量	0.004	0.006
2 型战斗机数量	0.006	0.001	2 型战斗机数量	0.006	0.007
1 型战斗机灵敏度	0.003	0.001	1 型战斗机灵敏度	0.001	0.005
2 型战斗机灵敏度	0.021	0.003	2 型战斗机灵敏度	0.014	0.014
1 型驱逐舰数量	0.041	0.005	1 型驱逐舰数量	0.035	0.018
2 型驱逐舰数量	0.003	0.001	2 型驱逐舰数量	0.004	0.004
1 型驱逐舰导弹数量	0.015	0.002	1 型驱逐舰导弹数量	0.009	0.012
2 型驱逐舰导弹数量	0.007	0.001	2 型驱逐舰导弹数量	0.002	0.009
1 型驱逐舰损伤点	0.119	0.013	1 型驱逐舰损伤点	0.095	0.029
2 型驱逐舰损伤点	0.006	0.001	2 型驱逐舰损伤点	0.002	0.006
1 型驱逐舰防御能力	0.014	0.002	1 型驱逐舰防御能力	0.005	0.011
2 型驱逐舰防御能力	0.012	0.002	2 型驱逐舰防御能力	0.008	0.009
红方机场与蓝方舰队距离	0.059	0.009	红方机场与蓝方舰队距离	0.046	0.025
红方码头与蓝方舰队距离	0.008	0.002	红方码头与蓝方舰队距离	0.005	0.008
战斗机出动时间	0.727	0.060	战斗机出动时间	0.691	0.061
雨量	0.010	0.001	雨量	0.004	0.009
云量	0.016	0.002	云量	0.008	0.010
风力	0.001	0.000	风力	−0.001	0.003
温度	0.003	0.000	温度	0.003	0.004

(a) 总效应灵敏度

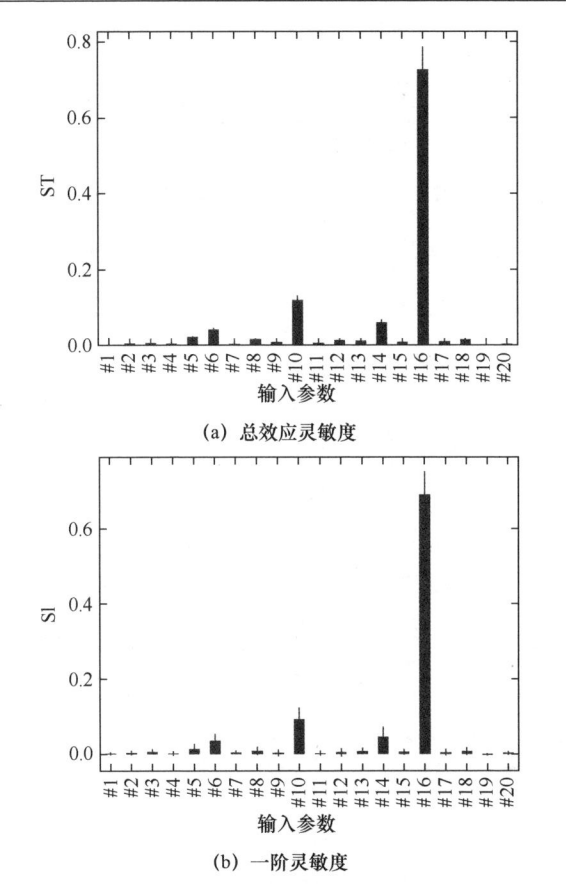

(b) 一阶灵敏度

图 6-32　防御能力的总效应灵敏度及一阶灵敏度分析结果

防御能力的二阶灵敏度分析结果如图 6-33 所示，参数类型如表 6-23 所示。

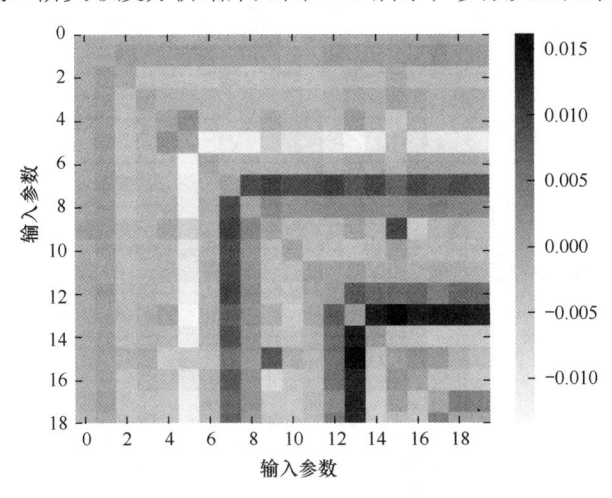

图 6-33　防御能力的二阶灵敏度分析结果

表 6-23 参数类型

参数类型	具体参数
敏感参数	战斗机出动时间、1 型驱逐舰损伤点、红方机场与蓝方舰队距离、1 型驱逐舰数量、2 型战斗机灵敏度
饱和参数	云量、1 型驱逐舰导弹数量、1 型驱逐舰防御能力、2 型驱逐舰防御能力、雨量、红方码头与蓝方舰队距离、2 型驱逐舰导弹数量、2 型战斗机数量、2 型驱逐舰损伤点、1 型战斗机数量
可行参数	1 型战斗机灵敏度、2 型驱逐舰数量、温度、反舰导弹数量、风力

6.5 小结

通过联合反舰作战体系案例，我们实现了对武器装备体系知识图谱的构建，联合反舰作战体系的知识图谱中包含了联合反舰作战计划的评价指标实体以及作战计划要素，能够为效能评估指标体系的构建提供先验知识；基于知识图谱构建的效能评估指标体系分为 3 级，能够整体反映联合反舰体系的作战效能；构建了具有 4 层隐藏层结构的卷积神经网络，经过仿真数据训练，模型能够取得较好的评价性能；在评价模型的基础上，生成联合反舰作战指标样本，基于 Sobol 灵敏度分析计算方法，实现了体系指标参数灵敏度值的计算。

本案例体现了整体技术流程的可行性与先进性，经过案例验证，研究的整体技术可用于武器装备体系的分析研究，能够为体系优化、装备设计等多方面应用奠定基础。

参考文献

[1] 孙文珺, 邵思羽, 严如强. 基于稀疏自动编码深度神经网络的感应电动机故障诊断[J]. 机械工程学报, 2016, 52(09): 65-71.

[2] 孙志军, 薛磊, 许阳明. 基于深度学习的边际 Fisher 分析特征提取算法[J]. 电子与信息学报, 2013, 35(04): 805-811.

[3] 彭高辉, 王志良. 数据挖掘中的数据预处理方法[J]. 华北水利水电学院学报, 2008, 29(06): 61-63.DOI: 10.19760/j.ncwu.zk.2008.06.019.

[4] 朱丰, 胡晓峰. 基于深度学习的战场态势评估综述与研究展望[J]. 军事运筹与系统工程, 2016, 30(03): 22-27.

[5] 葛斌, 谭真, 张翀, 等. 军事知识图谱构建技术[J]. 指挥与控制学报, 2016, 2(04): 302-308.

[6] 周长建, 司震宇, 邢金阁, 等. 基于Deep Learning 网络态势感知建模方法研究[J]. 东北农业大学学报, 2013, 44(05): 144-149.DOI: 10.19720/j.cnki.issn.1005-9369.2013.05.028.

[7] 尹学振, 赵慧, 赵俊保, 等. 多神经网络协作的军事领域命名实体识别[J]. 清华大学学报(自然科学版), 2020, 60(08): 648-655. DOI: 10.16511/j.cnki.qhdxxb.2020.25.004.

[8] 李华. 雷达对抗系统作战效能评估仿真[D]. 成都: 电子科技大学, 2006.

[9] 张乐, 刘忠, 张建强, 等. 基于自编码神经网络的装备体系评估指标约简方法[J]. 中南大学学报(自然科学版), 2013, 44(10): 4130-4137.

[10] 文洁. MSE 与 MAE 对机器学习性能优化的作用比较[J]. 信息与电脑(理论版), 2018(15): 42-43.

[11] 杨雪生, 刘云杰, 李梦汶. 联合作战仿真实验的设计与开发[J]. 系统仿真学报, 2011, 23(07): 1522-1526. DOI: 10.16182/j.cnki.joss.2011.07.022.

[12] 曹文龙, 芮建武, 李敏. 神经网络模型压缩方法综述[J]. 计算机应用研究, 2019, 36(03): 649-656. DOI: 10.19734/j.issn.1001-3695.2018.01.0061.

[13] 邢萌, 杨朝红, 毕建权. 军事领域知识图谱的构建及应用[J]. 指挥控制与仿真, 2020, 42(04): 1-7.

[14] 刘泽胤. 基于 DODAF 的系统效能评估[D]. 哈尔滨: 哈尔滨工程大学, 2008.

[15] 彭辞述, 郭磊, 汪志强. 基于 ADC 法的防空导弹体系效能评估[J]. 舰船电子工程, 2015, 35(08): 116-119, 158.

[16] 肖利辉, 黄玉章. 一种基于系统论思想的作战体系效能评估方法[J]. 军事运筹与系统工程,

2016, 30(01): 18-22.

[17] 周兴旺, 从福仲, 庞世春. 基于 BN-and-BP 神经网络融合的陆空联合作战效能评估[J]. 火力与指挥控制, 2018, 43(04): 3-8.

[18] 马力, 张明智. 作战体系网络化效能仿真分析方法[J]. 系统仿真学报, 2013, 25(S1): 301-305.DOI: 10.16182/j.cnki.joss.2013.s1.001.

[19] 李卫星, 王峰, 李智国, 等. 面向多源数据的军事信息系统设计[J]. 中国电子科学研究院学报, 2020, 15(03): 237-243.

[20] 李妮, 李玉红, 龚光红, 等. 基于深度学习的体系作战效能智能评估及优化[J]. 系统仿真学报, 2020, 32(08): 1425-1435.DOI: 10.16182/j.issn1004731x.joss.20-0353.

[21] 王志坚. 导弹部队协同作战的组织和效能评价研究[D]. 哈尔滨: 哈尔滨工业大学, 2010.

[22] 吕燕彬. 深度神经网络架构改进和训练性能提升的研究[D]. 太原: 中北大学, 2016.

[23] 戚宗锋, 王华兵, 李建勋. 基于深度学习的雷达侦察系统作战能力评估方法[J]. 指挥控制与仿真, 2020, 42(02): 59-64.

[24] 王保魁, 吴琳, 胡晓峰, 等. 基于知识图谱的联合作战态势知识表示方法[J]. 系统仿真学报, 2019, 31(11): 2228-2237.DOI: 10.16182/j.issn1004731x.joss.19-FZ0304.

[25] 胡志强, 罗荣. 基于大数据分析的作战智能决策支持系统构建[J]. 指挥信息系统与技术, 2021, 12(01): 27-33.DOI: 10.15908/j.cnki.cist.2021.01.005.

[26] 王寿鹏, 李其东, 赵辰. 大数据挖掘技术军事应用研究综述[J]. 舰船电子工程, 2020, 40(05): 17-22.

[27] 司光亚, 王飞. 基于仿真大数据的体系能力评估方法研究[J]. 军事运筹与系统工程, 2020, 34(03): 5-10.

[28] 刘云杰, 江敬灼, 付东. 基于仿真实验的联合作战能力评估方法初探[J]. 系统仿真学报, 2011, 23(05): 1010-1014.DOI: 10.16182/j.cnki.joss.2011.05.020.

[29] 周中良, 卢春光, 赵彬, 等. 基于 C-TTAHP 方法的指控体系作战效能评估[J]. 火力与指挥控制, 2018, 43(02): 60-65.

[30] 李植花. 灵敏度分析法在地表水水质评价研究中的应用[D]. 长春: 吉林农业大学, 2019. DOI: 10.27163/d.cnki.gjlnu.2019.000565.

[31] 王晓丹, 向前, 李睿, 等. 深度学习研究及军事应用综述[J]. 空军工程大学学报(自然科学版), 2022, 23(01): 1-11.

[32] 朱蕾. 基于物元分析法的体系作战能力检验评估[J]. 舰船电子工程, 2011, 31(08): 46-48.

[33] 徐享忠, 熊君, 王嘉铭. 作战仿真想定描述语言及描述规范综述[J]. 计算机仿真, 2021, 38(11): 1-4, 26.

[34] 张晓海, 操新文, 高源. 基于深度学习的作战文书命名实体识别[J]. 指挥控制与仿真, 2019, 41(04): 22-26.

[35] 蔡卓函, 穆歌, 冯琦琦, 等. 基于元评估的武器装备体系贡献率评估指标优化方法研究[J]. 新型工业化, 2021, 11(06): 238-240.DOI: 10.19335/j.cnki.2095-6649.2021.6.105.

[36] 张世坤, 操新文, 申宏芬. 作战体系评估方法综述[J]. 指挥控制与仿真, 2021, 43(06): 1-5.

[37] 韦正现, 鞠鸿彬, 黄百乔, 等. 面向任务基于能力的武器装备体系需求分析[C]//复杂系统体系工程论文集二, 2020: 8-19.DOI: 10.26914/c.cnkihy.2020.063449.

[38] DARPA. Department of Defense Fiscal Year (FY) 2012-2016 President's Budget Submission (Unclassified)[R]. Defense Wide Justification Book.

[39] CHRISTOPHER M R, DAVID A F. Applying the systems engineering method for the joint capabilities integration and development system(JCIDS)[J]. Infotech Aerospace, 2005(9): 26-29.

[40] DAVIS P K. Analytic architecture for capabilities-based planning, mission-system analysis, and transformation[R].Santa Monica, CA: Rand Corporation, 2002: 1-92.

[41] NASEEM A, SHAH S T, KHAN S A, et al. Decision support system for optimum decision making process in threat evaluation and weapon assignment: current status, challenges and future directions[J]. Annual Reviews in Control, 2017(9): 169-187.

[42] MICHAL PIEKARSKI. Polish armed forces and hybrid war: current and required capabilities[J]. The Copernicus Journal of Political Studies, 2019(1): 43-64.

[43] ANDRZEJ N, RYSZARD A, DARIUSZ P, et al. Computer based methods and tools for armed forces structure optimization[C]//International Conference on Information Systems, 2019: 241-254.

[44] ANDRZEJ N, RYSZARD A, DARIUSZ P, et al. The computational intelligence methods for the armed forces capabilities allocation problem[C]//IEEE Symposium Series on Computational Intelligence, 2018: 1723-1730.

[45] ANDRZEJ N, RYSZARD A, MARIUSZ C, et al. The qualitative and quantitative support method for capability based planning of armed forces development[C]//Asian Conference on Intelligent Information and Database Systems, 2015: 212-223.

[46] LEUNG C, RICK N V, ROBERT P N. Capability-based planning for Australia's national security[J]. Security Challenges, 2010, 6(3): 79-96.

[47] MICHELLE R K. A methodology for technology identification, evaluation and selection in conceptual and preliminary aircraft design[D]. Atlanta: Georgia Tech Theses and Dissertations, 2001.

[48] MORRIS R D. Weaponeering: conventional weapon system effectiveness[M]. Virginia: American Institute of Aeronautics and Astronautics, 2005.

[49] ANDREAS T. Engineering principles of combat modeling and distributed simulation[M]. California: Wiley Publishing, 2012.

[50] JAN O, PHILIP S A, FRANK C, et al. Expanding flight research: capabilities needs and management options for NASA's aeronautics research mission directorate[M]. Santa Monica, CA: Rand Corporation, 2016.

[51] DILLENBURGER S P, JORDAN J D, COCHRAN J K, et al. Pareto-optimality for lethality and collateral risk in the airstrike multi-objective problem[J]. Journal of the Operational Research Society, 2019, 70(7): 1051-1064.

[52] NAM M H, PARK K, KIM H C, et al. Estimation of damage probability of combat vehicle components based on modeling and simulation[J]. Journal of Mechanical Science and Technology, 2020, 34(1): 229-238.

[53] SALTELLI A, ANNONI P, AZZINI I, et al. sensitivity index. Comput Phys Commun[J]. Computer Physics Communications, 2010, 181(2): 259-270.

[54] PRIEUR C, TARANTOLA S. Variance-Based Sensitivity Analysis: Theory and Estimation Algorithms[M]. Springer International Publishing, 2015.

[55] VETEŠNÍK A, LANDA J, VOKÁL A, et al. A sensitivity and probability analysis of the safety of deep geological repositories situated in crystalline rock[J]. Journal of Radioanalytical and Nuclear Chemistry, 2015, 304(1): 409-415.

[56] KUCHERENKO S, SONG S. Derivative-Based Global Sensitivity Measures and Their Link with Sobol' Sensitivity Indices[M]//Monte Carlo and Quasi-Monte Carlo Methods. Springer International Publishing, 2016: 3009-3017.

[57] VARELLA H, GUÉRIF M, BUIS S. Global sensitivity analysis measures the quality of parameter estimation: The case of soil parameters and a crop model[J]. Environmental Modelling & Software, 2010, 25(3): 310-319.

[58] THOMAS HENKEL ANDREA SALTELLI. Making best use of model evaluations to compute sensitivity indices[J]. Computer Physics Communications, 2002(145): 280-297.

[59] BENGIO Y, DELALLEAU O. On the expressive power of deep architectures[C] Proc of the 14th International Conference on Discovery Science. Berlin: Springer-Verlag, 2011: 18-36.

[60] BENGIO Y. Learning deep architectures for AI[J]. Foundations and Trends in Machine Learning, 2009, 2(1): 1-127.

[61] HINTON G, OSINDERO S, TEH Y. A fast learning algorithm for deep belief nets[J]. Neural Computation, 2006, 18(7): 1527-1554.

[62] BENGIO Y, LAMBLIN P, POPOVICI D, et al. Greedy layer-wise training of deep networks[C]// Proc of the 12th Annual Conference on Neural Information Processing System, 2006: 153-160.

[63] LECUN Y, BOTTOU L, BENGIO Y, et al. Gradient-based learning applied to document recognition[J]. Proceedings of the IEEE, 1998, 86(11): 2278-2324.

[64] VINCENT P, LAROCHELLE H, BENGIO Y, et al. Extracting and composing robust features with denoising autoencoders[C]// Proc of the 25th International Conference on Machine Learning. New York: ACM Press, 2008: 1096-1103.

[65] XUE J, ZHU J, XIAO J, et al. Panoramic Convolutional Long Short-Term Memory Networks for Com-bat Intension Recognition of Aerial Targets[J]. IEEE Access, 2020, 8: 183312-183323.

[66] PENG H, ZHANG Y, YANG S, et al. Battlefield Image Situational Awareness Application Based on Deep Learning[J].IEEE Intelligent Systems, 2020, 35(1): 36-42.

[67] LIU P, MA Y.A Deep Reinforcement Learning Based Intelligent Decision Method for UCAV Air Combat[C]//Asian Simulation Conference.Singapore: Springer, 2017: 274-286.

[68] HU D, YANG R, ZUO J, et al. Application of Deep Reinforcement Learning in Maneuver Planning of Be-yond-Visual-Range Air Combat[J].IEEE Access, 2021, 9(4): 32282-32297.

反侵权盗版声明

电子工业出版社依法对本作品享有专有出版权。任何未经权利人书面许可，复制、销售或通过信息网络传播本作品的行为；歪曲、篡改、剽窃本作品的行为，均违反《中华人民共和国著作权法》，其行为人应承担相应的民事责任和行政责任，构成犯罪的，将被依法追究刑事责任。

为了维护市场秩序，保护权利人的合法权益，我社将依法查处和打击侵权盗版的单位和个人。欢迎社会各界人士积极举报侵权盗版行为，本社将奖励举报有功人员，并保证举报人的信息不被泄露。

举报电话：（010）88254396；（010）88258888
传　　真：（010）88254397
E-mail：　dbqq@phei.com.cn
通信地址：北京市万寿路 173 信箱
　　　　　电子工业出版社总编办公室
邮　　编：100036